My rising curve with

김앤북
KIM & BOOK

합격

편입 도전

기초 학습

문제 풀이

실전 적용

탄탄한 기초

출제 패턴 파악

실전 감각 극대화

목표 달성

김앤북과 함께
나만의 합격 곡선을 그리다!

완벽한 기초, 전략적 학습, 확실한 실전
김앤북은 합격까지 책임집니다.

#편입   #자격증   #IT

www.kimnbook.co.kr

김앤북의 체계적인
합격 알고리즘

기초 학습 → 문제 풀이 → 실전 적용 → 합격

김영편입 영어

MVP Vocabulary 시리즈

기초 이론 단계

기초 실력 완성 단계

심화 학습 단계

교육서비스 브랜드

3년 연속
대상

BRAND AWARDS
대상

실전 단계

김영편입 수학

편입 수학 이론 & 문제 적용 단계

편입 수학 필수 공식 한 권 정리

편입 수학 핵심 유형 정리 & 실전 연습 단계

실전 단계

김앤북의 완벽한
단기 합격 로드맵

핵심 이론 → 최신 기출 → 실전 적용 → 단기 합격

컴퓨터 IT 실용서

컴퓨터 IT 수험서

자격증 수험서

김앤북
KIM & BOOK

편입은 김영! 김영편입!

수학
미분법

김영편입 컨텐츠평가연구소 지음

편입수학의 기초가 되는 미분법으로 모든 문제의 핵심 파악

김앤북
KIM&BOOK

PREFACE

미분법, 이렇게 출제된다!

○ **베이스 과목**

미분법은 적분법과 함께 편입수학의 기초가 되는 과목입니다.
미분법의 단독 출제비중이 적게는 10%에서 많게는 50%에 이르며, 미분법 학습을
완벽히 해 두어야 다변수미적분 및 공학수학 등을 학습하는 데 도움이 됩니다.

4단계 추천 학습법

○ **1단계 ┊ 기본공식 암기**

편입시험은 기본에 충실한 학습이 우선시 되므로 문제풀이에 필요한 미분법 공식은
필히 외워 둡니다.

○ **2단계 ┊ 문제 적용력 향상**

개념과 공식이 문제에 적용되는 방법을 '개념적용' 문제를 풀며 파악합니다.

○ **3단계 ┊ 대표출제유형 파악**

학습한 개념과 공식을 대표 빈출문제를 통해 다시 한번 명확하게 정리합니다.

○ **4단계 ┊ 유형 익히기**

각 주제별로 출제되는 다양한 유형을 '실전 기출문제'로 접하고 반복하여 풀이 시간을
절약합니다.

김영편입 미분법을 추천하는 이유!

○ **최신 출제경향을 완벽 반영한 이론서**

"김영편입 수학 기출문제 해설집"에서 제공하고 있는 대학별 출제 비중 및 출제경향을
분석해 출제빈도가 높은 유형을 이론별 난이도에 맞게 수록하였습니다.

○ **이해하기 쉬운 해설**

초보자도 이해하기 쉽게 생략된 풀이과정이 없도록 상세히 풀어 썼습니다.

HOW TO STUDY

STEP 01 → 핵심을 강조한 이론과 공식을 토대로 한 개념학습

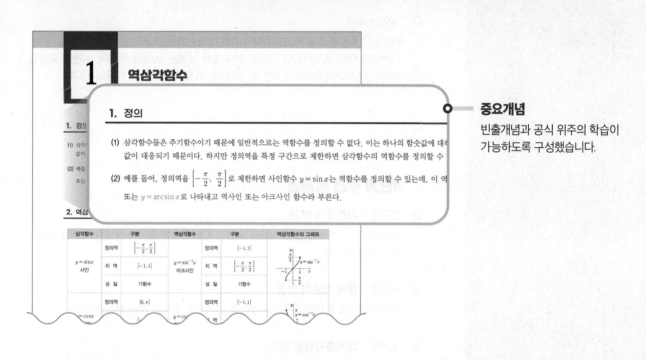

1 역삼각함수

1. 정의

(1) 삼각함수들은 주기함수이기 때문에 일반적으로는 역함수를 정의할 수 없다. 이는 하나의 함숫값에 대해 여러 값이 대응되기 때문이다. 하지만 정의역을 특정 구간으로 제한하면 삼각함수의 역함수를 정의할 수 있다.

(2) 예를 들어, 정의역을 $\left[-\dfrac{\pi}{2}, \dfrac{\pi}{2}\right]$로 제한하면 사인함수 $y = \sin x$는 역함수를 정의할 수 있는데, 이 역함수는 $y = \sin^{-1} x$ 또는 $y = \arcsin x$로 나타내고 역사인 또는 아크사인 함수라 부른다.

중요개념
빈출개념과 공식 위주의 학습이 가능하도록 구성했습니다.

2. 역삼

삼각함수	구분		역삼각함수	구분		역삼각함수의 그래프
$y = \sin x$ 사인	정의역	$\left[-\dfrac{\pi}{2}, \dfrac{\pi}{2}\right]$	$y = \sin^{-1} x$ 아크사인	정의역	$[-1, 1]$	
	치 역	$[-1, 1]$		치 역	$\left[-\dfrac{\pi}{2}, \dfrac{\pi}{2}\right]$	
	성 질	기함수		성 질	기함수	
$= \cos x$	정의역	$[0, \pi]$	$y = \cos^{-1}$	정의역	$[-1, 1]$	

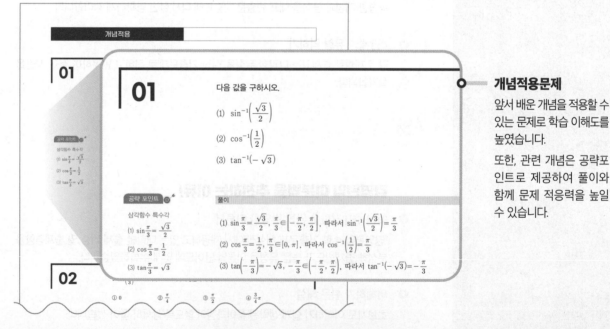

개념적용

01

01 다음 값을 구하시오.

(1) $\sin^{-1}\left(\dfrac{\sqrt{3}}{2}\right)$

(2) $\cos^{-1}\left(\dfrac{1}{2}\right)$

(3) $\tan^{-1}(-\sqrt{3})$

공략 포인트
삼각함수 특수각
(1) $\sin\dfrac{\pi}{3} = \dfrac{\sqrt{3}}{2}$
(2) $\cos\dfrac{\pi}{3} = \dfrac{1}{2}$
(3) $\tan\dfrac{\pi}{3} = \sqrt{3}$

풀이

(1) $\sin\dfrac{\pi}{3} = \dfrac{\sqrt{3}}{2}$, $\dfrac{\pi}{3} \in \left[-\dfrac{\pi}{2}, \dfrac{\pi}{2}\right]$, 따라서 $\sin^{-1}\left(\dfrac{\sqrt{3}}{2}\right) = \dfrac{\pi}{3}$

(2) $\cos\dfrac{\pi}{3} = \dfrac{1}{2}$, $\dfrac{\pi}{3} \in [0, \pi]$, 따라서 $\cos^{-1}\left(\dfrac{1}{2}\right) = \dfrac{\pi}{3}$

(3) $\tan\left(-\dfrac{\pi}{3}\right) = -\sqrt{3}$, $-\dfrac{\pi}{3} \in \left(-\dfrac{\pi}{2}, \dfrac{\pi}{2}\right)$, 따라서 $\tan^{-1}(-\sqrt{3}) = -\dfrac{\pi}{3}$

개념적용문제
앞서 배운 개념을 적용할 수 있는 문제로 학습 이해도를 높였습니다.
또한, 관련 개념은 공략포인트로 제공하여 풀이와 함께 문제 적응력을 높일 수 있습니다.

02

(3)

① 0   ② $\dfrac{\pi}{4}$ ③ $\dfrac{\pi}{2}$ ④ $\dfrac{3}{4}\pi$

편입수학 문제풀이에 꼭 필요한
개념 이해 & 공식 정리!

STEP 02 → 최신 출제경향을 반영한 대표출제유형 학습

3

출제경향 분석

역삼각함수와 쌍곡선함수에 관한 개념은 진위판정 문제의 보기로 출제되

특히, 이후에 배울 로피탈 정리를 이용한 극한 계산문제와 치환적분 계산

파악하고 있어야 시간을 절약하며 문제를 풀 수 있습니다.

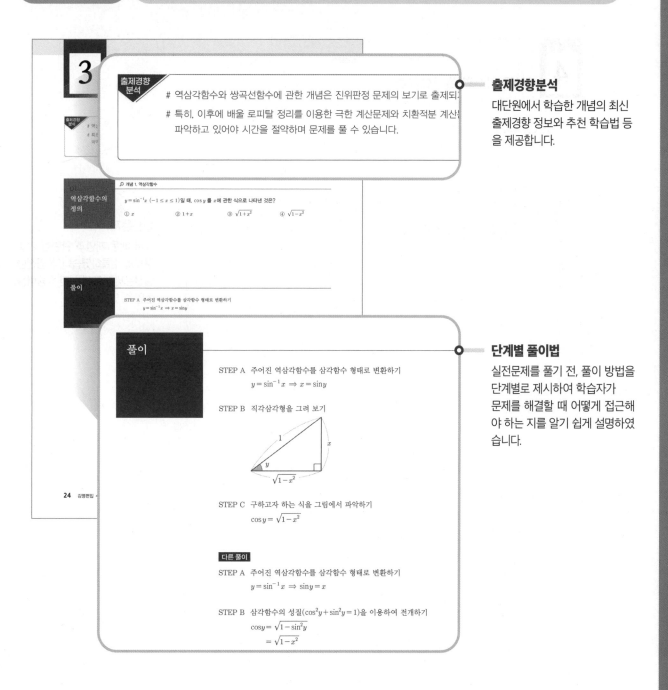

출제경향분석

대단원에서 학습한 개념의 최신 출제경향 정보와 추천 학습법 등을 제공합니다.

개념 1. 역삼각함수

01 역삼각함수의 정의

$y=\sin^{-1}x\ (-1 \le x \le 1)$일 때, $\cos y$를 x에 관한 식으로 나타낸 것은?

① x ② $1+x$ ③ $\sqrt{1+x^2}$ ④ $\sqrt{1-x^2}$

풀이

STEP A 주어진 역삼각함수를 삼각함수 형태로 변환하기

$y=\sin^{-1}x \Rightarrow x=\sin y$

STEP B 직각삼각형을 그려 보기

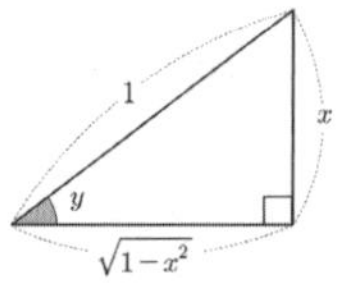

STEP C 구하고자 하는 식을 그림에서 파악하기

$\cos y=\sqrt{1-x^2}$

다른 풀이

STEP A 주어진 역삼각함수를 삼각함수 형태로 변환하기

$y=\sin^{-1}x \Rightarrow \sin y = x$

STEP B 삼각함수의 성질($\cos^2 y+\sin^2 y=1$)을 이용하여 전개하기

$\cos y=\sqrt{1-\sin^2 y}$

$=\sqrt{1-x^2}$

단계별 풀이법

실전문제를 풀기 전, 풀이 방법을 단계별로 제시하여 학습자가 문제를 해결할 때 어떻게 접근해야 하는 지를 알기 쉽게 설명하였습니다.

최신 출제경향을 분석한 대표출제유형 문제로

단계별 풀이법 제시!

HOW TO STUDY

STEP 03 → 실제 시험장에서 만나볼 실전문제

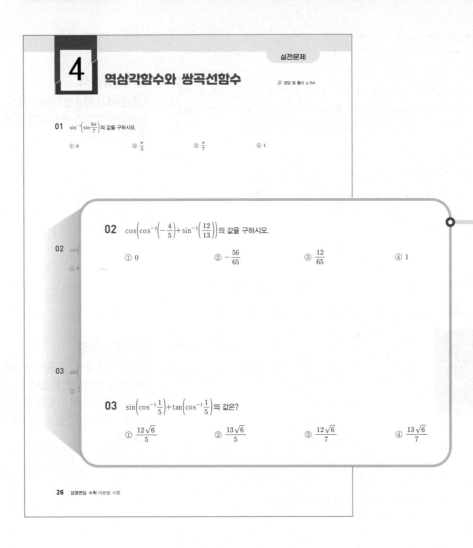

실전문제

4 역삼각함수와 쌍곡선함수

정답 및 풀이 p.154

01 $\sin^{-1}\left(\sin\frac{6\pi}{7}\right)$의 값을 구하시오.

① 0   ② $\frac{\pi}{3}$ ③ $\frac{\pi}{7}$ ④ 1

02 $\cos\left(\cos^{-1}\left(-\frac{4}{5}\right)+\sin^{-1}\left(\frac{12}{13}\right)\right)$의 값을 구하시오.

① 0   ② $-\frac{56}{65}$ ③ $\frac{12}{65}$ ④ 1

03 $\sin\left(\cos^{-1}\frac{1}{5}\right)+\tan\left(\cos^{-1}\frac{1}{5}\right)$의 값은?

① $\frac{12\sqrt{6}}{5}$ ② $\frac{13\sqrt{6}}{5}$ ③ $\frac{12\sqrt{6}}{7}$ ④ $\frac{13\sqrt{6}}{7}$

실전문제

앞서 배운 개념과 관련한 기출 문제를 수록하였습니다. 엄선한 실전문제를 통해 실전 적응력을 높일 수 있습니다.

이론 단계에 맞춘 난이도 구성에 더해
최신 출제경향을 완벽 반영한 실전문제!

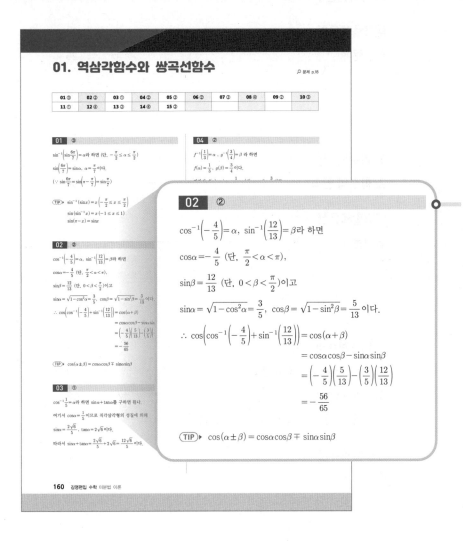

01. 역삼각함수와 쌍곡선함수

문제 p.18

01 ③	02 ②	03 ①	04 ②	05 ②	06 ②	07 ②	08 ④	09 ②	10 ③
11 ①	12 ④	13 ②	14 ④	15 ②					

02 ②

$\cos^{-1}\left(-\dfrac{4}{5}\right)=\alpha$, $\sin^{-1}\left(\dfrac{12}{13}\right)=\beta$라 하면

$\cos\alpha=-\dfrac{4}{5}$ (단, $\dfrac{\pi}{2}<\alpha<\pi$),

$\sin\beta=\dfrac{12}{13}$ (단, $0<\beta<\dfrac{\pi}{2}$)이고

$\sin\alpha=\sqrt{1-\cos^2\alpha}=\dfrac{3}{5}$, $\cos\beta=\sqrt{1-\sin^2\beta}=\dfrac{5}{13}$ 이다.

$\therefore$ $\cos\left(\cos^{-1}\left(-\dfrac{4}{5}\right)+\sin^{-1}\left(\dfrac{12}{13}\right)\right)=\cos(\alpha+\beta)$

$=\cos\alpha\cos\beta-\sin\alpha\sin\beta$

$=\left(-\dfrac{4}{5}\right)\left(\dfrac{5}{13}\right)-\left(\dfrac{3}{5}\right)\left(\dfrac{12}{13}\right)$

$=-\dfrac{56}{65}$

TIP ▶ $\cos(\alpha\pm\beta)=\cos\alpha\cos\beta\mp\sin\alpha\sin\beta$

상세한 해설

초보자도 쉽게 이해할 수 있도록
해설을 풀어 설명했습니다.

또한, TIP을 더해 해당 문제에 필요한
공식을 간결하게 확인할 수 있도록
구성했습니다.

풀이 과정의 중간 생략을 줄이고 실제 학습자가
이해하기 쉬운 풀이해설과 관련팁 제공!

CONTENTS

05

미분의 응용(2)

정답 및 풀이

01

역삼각함수와 쌍곡선함수

역삼각함수

1. 정의

(1) 삼각함수들은 주기함수이기 때문에 일반적으로는 역함수를 정의할 수 없다. 이는 하나의 함숫값에 대해 여러 개의 정의역 값이 대응되기 때문이다. 하지만 정의역을 특정 구간으로 제한하면 삼각함수의 역함수를 정의할 수 있다.

(2) 예를 들어, 정의역을 $\left[-\dfrac{\pi}{2}, \dfrac{\pi}{2}\right]$로 제한하면 사인함수 $y = \sin x$는 역함수를 정의할 수 있는데, 이 역함수를 $y = \sin^{-1} x$ 또는 $y = \arcsin x$로 나타내고 역사인 또는 아크사인 함수라 부른다.

2. 역삼각함수의 종류와 그래프

삼각함수	구분		역삼각함수	구분		역삼각함수의 그래프
$y = \sin x$ 사인	정의역	$\left[-\dfrac{\pi}{2}, \dfrac{\pi}{2}\right]$	$y = \sin^{-1} x$ 아크사인	정의역	$[-1, 1]$	
	치 역	$[-1, 1]$		치 역	$\left[-\dfrac{\pi}{2}, \dfrac{\pi}{2}\right]$	
	성 질	기함수		성 질	기함수	
$y = \cos x$ 코사인	정의역	$[0, \pi]$	$y = \cos^{-1} x$ 아크코사인	정의역	$[-1, 1]$	
	치 역	$[-1, 1]$		치 역	$[0, \pi]$	
	성 질	우함수		성 질	−	
$y = \tan x$ 탄젠트	정의역	$\left(-\dfrac{\pi}{2}, \dfrac{\pi}{2}\right)$	$y = \tan^{-1} x$ 아크탄젠트	정의역	실수 전체	
	치 역	실수 전체		치 역	$\left(-\dfrac{\pi}{2}, \dfrac{\pi}{2}\right)$	
	성 질	기함수		성 질	기함수	
$y = \csc x$ 코시컨트	정의역	$\left[-\dfrac{\pi}{2}, 0\right) \cup \left(0, \dfrac{\pi}{2}\right]$	$y = \csc^{-1} x$ 아크코시컨트	정의역	$(-\infty, -1] \cup [1, \infty)$	
	치 역	$(-\infty, -1] \cup [1, \infty)$		치 역	$\left[-\dfrac{\pi}{2}, 0\right) \cup \left(0, \dfrac{\pi}{2}\right]$	
	성 질	기함수		성 질	기함수	

삼각함수	구분		역삼각함수	구분		역삼각함수의 그래프
$y = \sec x$ 시컨트	정의역	$\left[0, \dfrac{\pi}{2}\right) \cup \left(\dfrac{\pi}{2}, \pi\right]$	$y = \sec^{-1}x$ 아크시컨트	정의역	$(-\infty, -1] \cup [1, \infty)$	
	치 역	$(-\infty, -1] \cup [1, \infty)$		치 역	$\left[0, \dfrac{\pi}{2}\right) \cup \left(\dfrac{\pi}{2}, \pi\right]$	
	성 질	우함수		성 질	−	
$y = \cot x$ 코탄젠트	정의역	$(0, \pi)$	$y = \cot^{-1}x$ 아크코탄젠트	정의역	실수 전체	
	치 역	실수 전체		치 역	$(0, \pi)$	
	성 질	기함수		성 질	−	

3. 역삼각함수의 주요 성질

① $\sin^{-1}x + \cos^{-1}x = \dfrac{\pi}{2} \ (-1 \le x \le 1)$

② $\tan^{-1}x + \cot^{-1}x = \dfrac{\pi}{2} \ (-\infty < x < \infty)$

③ $\cos^{-1}(x) + \cos^{-1}(-x) = \pi \ (-1 \le x \le 1)$

④ $\cot^{-1}x = \begin{cases} \tan^{-1}\left(\dfrac{1}{x}\right), \ x > 0 \\ \pi + \tan^{-1}\left(\dfrac{1}{x}\right), \ x < 0 \end{cases}$

⑤ $\sec^{-1}x = \cos^{-1}\left(\dfrac{1}{x}\right), \ |x| \ge 1$

⑥ $\csc^{-1}x = \sin^{-1}\left(\dfrac{1}{x}\right), \ |x| \ge 1$

4. 삼각함수와 역삼각함수의 관계

① $\sin^{-1}(\sin x) = x \ \left(-\dfrac{\pi}{2} \le x \le \dfrac{\pi}{2}\right)$

② $\sin(\sin^{-1}x) = x \ (-1 \le x \le 1)$

③ $\cos^{-1}(\cos x) = x \ (0 \le x \le \pi)$

④ $\cos(\cos^{-1}x) = x \ (-1 \le x \le 1)$

⑤ $\tan^{-1}(\tan x) = x \ \left(-\dfrac{\pi}{2} < x < \dfrac{\pi}{2}\right)$

⑥ $\tan(\tan^{-1}x) = x \ (-\infty \le x < \infty)$

01

다음 값을 구하시오.

(1) $\sin^{-1}\left(\dfrac{\sqrt{3}}{2}\right)$

(2) $\cos^{-1}\left(\dfrac{1}{2}\right)$

(3) $\tan^{-1}(-\sqrt{3})$

공략 포인트

삼각함수 특수각

(1) $\sin\dfrac{\pi}{3}=\dfrac{\sqrt{3}}{2}$

(2) $\cos\dfrac{\pi}{3}=\dfrac{1}{2}$

(3) $\tan\dfrac{\pi}{3}=\sqrt{3}$

풀이

(1) $\sin\dfrac{\pi}{3}=\dfrac{\sqrt{3}}{2},\ \dfrac{\pi}{3}\in\left[-\dfrac{\pi}{2},\dfrac{\pi}{2}\right]$, 따라서 $\sin^{-1}\left(\dfrac{\sqrt{3}}{2}\right)=\dfrac{\pi}{3}$

(2) $\cos\dfrac{\pi}{3}=\dfrac{1}{2},\ \dfrac{\pi}{3}\in[0,\pi]$, 따라서 $\cos^{-1}\left(\dfrac{1}{2}\right)=\dfrac{\pi}{3}$

(3) $\tan\left(-\dfrac{\pi}{3}\right)=-\sqrt{3},\ -\dfrac{\pi}{3}\in\left(-\dfrac{\pi}{2},\dfrac{\pi}{2}\right)$, 따라서 $\tan^{-1}(-\sqrt{3})=-\dfrac{\pi}{3}$

정답 (1) $\dfrac{\pi}{3}$ (2) $\dfrac{\pi}{3}$ (3) $-\dfrac{\pi}{3}$

02

$\tan^{-1}\left(\dfrac{1}{3}\right)+\tan^{-1}(1)+\tan^{-1}(3)$의 값을 구하시오.

① 0 ② $\dfrac{\pi}{4}$ ③ $\dfrac{\pi}{2}$ ④ $\dfrac{3}{4}\pi$

공략 포인트

역삼각함수의 주요 성질

$\tan^{-1}x+\cot^{-1}x=\dfrac{\pi}{2}$

삼각함수 특수각

$\tan\dfrac{\pi}{4}=1$

풀이

$\tan^{-1}\left(\dfrac{1}{3}\right)+\tan^{-1}(1)+\tan^{-1}(3)=\tan^{-1}\left(\dfrac{1}{3}\right)+\tan^{-1}(3)+\tan^{-1}(1)$

$=\dfrac{\pi}{2}+\dfrac{\pi}{4}\ \left(\because\ \tan^{-1}\left(\dfrac{1}{3}\right)+\tan^{-1}(3)=\dfrac{\pi}{2}\right)$

$=\dfrac{3}{4}\pi$

정답 ④

03

$\sin^{-1}\left(\sin\left(\dfrac{7\pi}{3}\right)\right)$의 값을 구하시오.

① 0   ② $\dfrac{\pi}{3}$ ③ $\dfrac{3\pi}{4}$ ④ 1

공략 포인트 ◎

삼각함수와 역삼각함수의 관계
$\sin^{-1}(\sin x) = x$
$(-1 \le x \le 1)$

풀이

$$\sin^{-1}\left(\sin\left(\frac{7\pi}{3}\right)\right) = \sin^{-1}\left(\sin\left(\frac{\pi}{3}\right)\right) \quad \left(\because \sin\left(\frac{7\pi}{3}\right) = \sin\left(\frac{\pi}{3} + 2\pi\right) = \sin\frac{\pi}{3}\right)$$
$$= \frac{\pi}{3}$$

TIP ▶ $\sin x = \sin(x + 2\pi)$

정답 ②

04

$\tan\left(\cos^{-1}\dfrac{1}{5}\right)$의 값을 구하시오.

① $\dfrac{1}{5}$ ② 5   ③ 1   ④ $2\sqrt{6}$

공략 포인트 ◎

삼각함수와 역삼각함수의 관계
$\cos^{-1}(\cos x) = x$
$(0 \le x \le \pi)$

풀이

$\cos^{-1}\dfrac{1}{5} = \theta$라 하면 $\cos\theta = \dfrac{1}{5}$이므로

θ는 다음 그림과 같다.

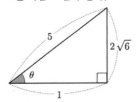

$$\therefore \tan\left(\cos^{-1}\frac{1}{5}\right) = \tan\theta$$
$$= \sqrt{5^2 - 1^2}$$
$$= 2\sqrt{6}$$

정답 ④

05

$\sin(\sin^{-1}x) = x$가 성립하는 x의 범위는?

① 모든 양의실수   ② 모든 음의 실수
③ $-1 < x < 1$ ④ $-1 \leq x \leq 1$

공략 포인트 ◎

삼각함수와 역삼각함수의 관계
$\sin^{-1}(\sin x) = x$
$(-1 \leq x \leq 1)$

풀이

주치범위에 의하여 x가 성립하는 범위는
$-1 \leq x \leq 1$이다.

정답 ④

2 쌍곡선함수

1. 정의

(1) 지수함수 e^x와 e^{-x}의 평균, 차의 평균 또는 이들의 몫으로 만들어진 함수를 쌍곡선함수라 부른다. 쌍곡선함수는 삼각함수와 유사한 성질을 가지고 있다.

(2) 이들을 나타내는 함수 기호도 삼각함수의 기호에 쌍곡선(hyperbola)을 의미하는 영문자 h를 결합하여 $\sinh x$, $\cosh x$와 같이 사용한다.

(3) $-\infty < x < \infty$인 모든 실수 x에 대하여 쌍곡사인함수와 쌍곡코사인함수를 다음과 같이 정의한다.

$$\sinh x = \frac{e^x - e^{-x}}{2}, \quad \cosh x = \frac{e^x + e^{-x}}{2}$$

2. 쌍곡선함수의 종류와 그래프

쌍곡선함수	구분		그래프
$y = \sinh x = \dfrac{(e^x - e^{-x})}{2}$ 쌍곡사인	정의역	$(-\infty, \infty)$	
	치 역	$(-\infty, \infty)$	
	성 질	기함수	
$y = \cosh x = \dfrac{(e^x + e^{-x})}{2}$ 쌍곡코사인	정의역	$(-\infty, \infty)$	
	치 역	$[1, \infty)$	
	성 질	우함수	
$y = \tanh x = \dfrac{\sinh x}{\cosh x} = \dfrac{e^x - e^{-x}}{e^x + e^{-x}}$ 쌍곡탄젠트	정의역	$(-\infty, \infty)$	
	치 역	$(-1, 1)$	
	성 질	기함수	

쌍곡선함수	구분		그래프
$y = \operatorname{csch} x = \dfrac{1}{\sinh x} = \dfrac{2}{e^x - e^{-x}}$ 쌍곡코시컨트	정의역	$(-\infty, 0) \cup (0, \infty)$	
	치 역	$(-\infty, 0) \cup (0, \infty)$	
	성 질	기함수	
$y = \operatorname{sech} x = \dfrac{1}{\cosh x} = \dfrac{2}{e^x + e^{-x}}$ 쌍곡시컨트	정의역	$(-\infty, \infty)$	
	치 역	$(0, 1]$	
	성 질	우함수	
$y = \coth x = \dfrac{\cosh x}{\sinh x} = \dfrac{e^x + e^{-x}}{e^x - e^{-x}}$ 쌍곡코탄젠트	정의역	$(-\infty, 0) \cup (0, \infty)$	
	치 역	$(-\infty, -1) \cup (1, \infty)$	
	성 질	기함수	

3. 쌍곡선함수의 주요 성질

① $\cosh^2 x - \sinh^2 x = 1$

② $\tanh^2 x + \operatorname{sech}^2 x = 1$

③ $\coth^2 x - \operatorname{csch}^2 x = 1$

④ $\cosh^2 \dfrac{x}{2} = \dfrac{1 + \cosh x}{2}$

⑤ $\sinh^2 \dfrac{x}{2} = \dfrac{\cosh x - 1}{2}$

⑥ $\sinh 2x = 2 \sinh x \cosh x$

⑦ $\cosh 2x = \cosh^2 x + \sinh^2 x$
$\qquad\quad = 2\sinh^2 x + 1$
$\qquad\quad = 2\cosh^2 x - 1$

⑧ $\sinh(x \pm y) = \sinh x \cosh y \pm \cosh x \sinh y$

⑨ $\cosh(x \pm y) = \cosh x \cosh y \pm \sinh x \sinh y$

⑩ $\tanh(x \pm y) = \dfrac{\tanh x \pm \tanh y}{1 \pm \tanh x \tanh y}$

(TIP)▶ 부호만 일부 다를 뿐, 삼각함수의 관계식들과 닮았다는 것을 확인할 수 있다.

4. 역쌍곡선함수의 정의

(1) $\sinh x$는 일대일대응함수이므로 $-\infty < x < \infty$인 모든 x에 대하여 그 역함수를 $y = \sinh^{-1} x$로 나타낸다. 함숫값은 쌍곡사인함수의 값이 x가 되는 실숫값이다.

(2) $\cosh x$는 정의역을 $x \geq 0$으로 제한해야 역함수를 정의할 수 있으며, 그 역함수를 $y = \cosh^{-1} x$라 한다. 모든 $x \geq 1$에 대하여 구간 $0 \leq y < \infty$에서 쌍곡코사인함수의 값이 x가 되는 실수를 함숫값으로 갖는다.

5. 역쌍곡선함수의 종류와 그래프

역쌍곡선함수	구분		그래프
$y=\sinh^{-1}x=\ln\left(x+\sqrt{x^2+1}\right)$	정의역	$(-\infty,\infty)$	
	치 역	$(-\infty,\infty)$	
	성 질	기함수	
$y=\cosh^{-1}x=\ln\left(x+\sqrt{x^2-1}\right)$	정의역	$[1,\infty)$	
	치 역	$[0,\infty)$	
	성 질	–	
$y=\tanh^{-1}x=\dfrac{1}{2}\ln\dfrac{1+x}{1-x}$	정의역	$(-1,1)$	
	치 역	$(-\infty,\infty)$	
	성 질	기함수	
$y=\operatorname{csch}^{-1}x=\ln\left(\dfrac{1}{x}+\sqrt{\dfrac{1}{x^2}+1}\right)$	정의역	$(-\infty,0)\cup(0,\infty)$	
	치 역	$(-\infty,0)\cup(0,\infty)$	
	성 질	기함수	
$y=\operatorname{sech}^{-1}x=\ln\left(\dfrac{1}{x}+\sqrt{\dfrac{1}{x^2}-1}\right)$	정의역	$(0,1]$	
	치 역	$[0,\infty)$	
	성 질	–	
$y=\coth^{-1}x=\dfrac{1}{2}\ln\dfrac{x+1}{x-1}$	정의역	$(-\infty,-1)\cup(1,\infty)$	
	치 역	$(-\infty,0)\cup(0,\infty)$	
	성 질	기함수	

$y = \sinh^{-1} x$에서 $\sinh y = x$이므로 $\dfrac{e^y - e^{-y}}{2} = x$, $e^y - e^{-y} = 2x$

양변에 e^y을 곱하여 정리하면 $e^{2y} - 2xe^y - 1 = 0$

근의 공식에 의하여 $e^y = \dfrac{2x \pm \sqrt{4x^2 + 4}}{2}$

$\therefore\ e^y = x + \sqrt{x^2 + 1}\ (\because\ e^y > 0)$

$\therefore\ y = \ln\left(x + \sqrt{x^2 + 1}\right)$

개념적용

01

다음 값을 구하시오.

(1) $\cosh 0$ (2) $\operatorname{csch}(\ln 2)$ (3) $\coth(\ln 5)$

(4) $\cosh(\ln x)$ (5) $\sinh(\ln x)$ (6) $\tanh(2\ln x)$

공략 포인트 ◎

쌍곡선함수의 정의

(1) $\cosh x = \dfrac{e^x + e^{-x}}{2}$

(2) $\operatorname{csch} x = \dfrac{2}{e^x - e^{-x}}$

(3) $\coth x = \dfrac{e^x + e^{-x}}{e^x - e^{-x}}$

(4) $\cosh x = \dfrac{e^x + e^{-x}}{2}$

(5) $\sinh x = \dfrac{e^x - e^{-x}}{2}$

(6) $\tanh x = \dfrac{e^x - e^{-x}}{e^x + e^{-x}}$

풀이

(1) $\cosh 0 = \dfrac{e^0 + e^0}{2} = 1$

(2) $\operatorname{csch}(\ln 2) = \dfrac{2}{e^{\ln 2} - e^{-\ln 2}} = \dfrac{2}{2 - \dfrac{1}{2}} = \dfrac{4}{3}$

(3) $\coth(\ln 5) = \dfrac{e^{\ln 5} + e^{-\ln 5}}{e^{\ln 5} - e^{-\ln 5}} = \dfrac{5 + \dfrac{1}{5}}{5 - \dfrac{1}{5}} = \dfrac{26}{24} = \dfrac{13}{12}$

(4) $\cosh(\ln x) = \dfrac{e^{\ln x} + e^{-\ln x}}{2} = \dfrac{x + \dfrac{1}{x}}{2} = \dfrac{x^2 + 1}{2x}$

(5) $\sinh(\ln x) = \dfrac{e^{\ln x} - e^{-\ln x}}{2} = \dfrac{x - \dfrac{1}{x}}{2} = \dfrac{x^2 - 1}{2x}$

(6) $\tanh(2\ln x) = \dfrac{e^{2\ln x} - e^{-2\ln x}}{e^{2\ln x} + e^{-2\ln x}} = \dfrac{x^2 - \dfrac{1}{x^2}}{x^2 + \dfrac{1}{x^2}} = \dfrac{x^4 - 1}{x^4 + 1}$

정답   (1) 1 (2) $\dfrac{4}{3}$ (3) $\dfrac{13}{12}$ (4) $\dfrac{x^2 + 1}{2x}$ (5) $\dfrac{x^2 - 1}{2x}$ (6) $\dfrac{x^4 - 1}{x^4 + 1}$

02

$\tanh x = \dfrac{1}{3}$일 때 $8\cosh4x$의 값은?

① 11   ② 13   ③ 15   ④ 17

공략 포인트 ◎

쌍곡선함수의 종류

$\tanh x = \dfrac{e^x - e^{-x}}{e^x + e^{-x}}$

$= \dfrac{e^{2x} - 1}{e^{2x} + 1}$

$\cosh x = \dfrac{1}{2}(e^x + e^{-x})$

풀이

$\tanh x = \dfrac{1}{3} = \dfrac{e^{2x} - 1}{e^{2x} + 1}$

$\Leftrightarrow 3e^{2x} - 3 = e^{2x} + 1$

$\Leftrightarrow e^{2x} = 2$

$8\cosh4x = 8 \times \dfrac{e^{4x} + e^{-4x}}{2} = 4 \times \left\{ (e^{2x})^2 + \dfrac{1}{(e^{2x})^2} \right\} = 4 \times \left(4 + \dfrac{1}{4} \right) = 17$

정답 ④

03

$\tanh x = \dfrac{1}{2}$이고 $\tanh y = \dfrac{1}{3}$일 때, $\tanh(x-y)$의 값은?

① $\dfrac{1}{2}$ ② $\dfrac{1}{3}$ ③ $\dfrac{1}{5}$ ④ 1

공략 포인트 ◎

쌍곡선함수의 주요 성질

$\tanh(x \pm y)$

$= \dfrac{\tanh x \pm \tanh y}{1 \pm \tanh x \tanh y}$

풀이

$\tanh(x-y) = \dfrac{\tanh x - \tanh y}{1 - \tanh x \tanh y} = \dfrac{\dfrac{1}{2} - \dfrac{1}{3}}{1 - \dfrac{1}{2} \times \dfrac{1}{3}} = \dfrac{1}{5}$

정답 ③

04

다음 값을 구하시오.

(1) $\sinh^{-1}\sqrt{2}$ (2) $\cosh^{-1}\dfrac{13}{5}$ (3) $\tanh^{-1}\dfrac{1}{2}$

공략 포인트 ◎

역쌍곡선함수의 정의
(1) $\sinh^{-1}x$
$= \ln(x + \sqrt{x^2+1})$
(2) $\cosh^{-1}x$
$= \ln(x + \sqrt{x^2-1})$
(3) $\tanh^{-1}x$
$= \dfrac{1}{2}\ln\dfrac{1+x}{1-x}$

풀이

(1) $\sinh^{-1}\sqrt{2} = \ln\left(\sqrt{2} + \sqrt{(\sqrt{2})^2+1}\right)$
$\qquad\qquad = \ln\left(\sqrt{2} + \sqrt{3}\right)$

(2) $\cosh^{-1}\dfrac{13}{5} = \ln\left(\dfrac{13}{5} + \sqrt{\left(\dfrac{13}{5}\right)^2 - 1}\right)$
$\qquad\qquad = \ln 5$

(3) $\tanh^{-1}\dfrac{1}{2} = \dfrac{1}{2}\ln\dfrac{1+\dfrac{1}{2}}{1-\dfrac{1}{2}}$

$\qquad\qquad = \dfrac{1}{2}\ln 3$

정답 (1) $\ln\left(\sqrt{2}+\sqrt{3}\right)$ (2) $\ln 5$ (3) $\dfrac{1}{2}\ln 3$

05

다음 중 역쌍곡선함수 $\sinh^{-1}x$와 같은 함수는?

① $\ln\left(x + \sqrt{x^2+1}\right)$ ② $\ln\left(x + \sqrt{x^2-1}\right)$
③ $\ln\left(-x + \sqrt{x^2+1}\right)$ ④ $\ln\left(-x + \sqrt{x^2-1}\right)$

공략 포인트 ◎

역쌍곡선함수의 종류
$\sinh^{-1}x = \ln(x + \sqrt{x^2+1})$
짝수 근의 공식
$ax^2 + 2b'x + c = 0$의 근은
$x = \dfrac{-b' \pm \sqrt{b'^2 - ac}}{a}$

풀이

$y = \sinh x \Rightarrow x = \sinh y$

$\qquad \Leftrightarrow x = \dfrac{e^y - e^{-y}}{2}$

$\qquad \Leftrightarrow 2x = e^y - e^{-y}$

$\qquad \Leftrightarrow 2xe^y = e^{2y} - 1$

$\qquad \Leftrightarrow e^{2y} - 2xe^y - 1 = 0$

$\qquad \Leftrightarrow e^y = x + \sqrt{x^2+1} \; (\because e^y > 0)$

$\qquad \Leftrightarrow y = \ln\left(x + \sqrt{x^2+1}\right)$

정답 ①

06

실수 전체의 집합에서 정의된 함수 $f(x) = \operatorname{sech} x$의 역함수는?

① $\ln\left(x + \sqrt{x^2+1}\right)$　　　　　② $\ln\left(x + \sqrt{x^2-1}\right)$

③ $\dfrac{1}{2}\ln\dfrac{1+x}{1-x}$　　　　　④ $\ln\dfrac{1+\sqrt{1-x^2}}{x}$

공략 포인트 ◎

역쌍곡선함수의 종류

$\operatorname{sech}^{-1} x$
$= \ln\left(\dfrac{1}{x} + \sqrt{\dfrac{1}{x^2} - 1}\right)$
$= \ln\dfrac{1 + \sqrt{1-x^2}}{x}$

풀이

$\begin{aligned}
f^{-1}(x) &= \operatorname{sech}^{-1} x \\
&= \cosh^{-1}\frac{1}{x} \\
&= \ln\left\{\frac{1}{x} + \sqrt{\left(\frac{1}{x}\right)^2 - 1}\right\} \ \left(\because \cosh^{-1} x = \ln(x + \sqrt{x^2-1}\,)\right) \\
&= \ln\frac{1 + x\sqrt{\left(\frac{1}{x}\right)^2 - 1}}{x} \\
&= \ln\frac{1 + \sqrt{1-x^2}}{x}
\end{aligned}$

정답　④

3 역삼각함수와 쌍곡선함수

출제경향 분석

\# 역삼각함수와 쌍곡선함수에 관한 개념은 진위판정 문제의 보기로 출제되거나, 다른 계산과정에 쓰이고 있습니다.

\# 특히, 이후에 배울 로피탈 정리를 이용한 극한 계산문제와 치환적분 계산문제에서 많이 이용되는 각 함수들의 주요 성질을 파악하고 있어야 시간을 절약하며 문제를 풀 수 있습니다.

---

01 역삼각함수의 정의

🔍 **개념 1. 역삼각함수**

$y = \sin^{-1}x \; (-1 \leq x \leq 1)$일 때, $\cos y$ 를 x에 관한 식으로 나타낸 것은?

① x ② $1+x$ ③ $\sqrt{1+x^2}$ ④ $\sqrt{1-x^2}$

풀이

STEP A 주어진 역삼각함수를 삼각함수 형태로 변환하기

$$y = \sin^{-1}x \Rightarrow x = \sin y$$

STEP B 직각삼각형을 그려 보기

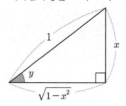

STEP C 구하고자 하는 식을 그림에서 파악하기

$$\cos y = \sqrt{1-x^2}$$

다른 풀이

STEP A 주어진 역삼각함수를 삼각함수 형태로 변환하기

$$y = \sin^{-1}x \Rightarrow \sin y = x$$

STEP B 삼각함수의 성질($\cos^2 y + \sin^2 y = 1$)을 이용하여 전개하기

$$\cos y = \sqrt{1-\sin^2 y}$$
$$= \sqrt{1-x^2}$$

정답 ④

02
쌍곡선함수의 정의

$e^{2x} = 3$일 때, $e^x \sinh 3x$ 의 값을 구하시오.

① $\dfrac{1}{3}$　　　　② $\dfrac{13}{3}$　　　　③ $\dfrac{1}{9}$　　　　④ $\dfrac{13}{9}$

풀이

STEP A 쌍곡선함수의 정의를 활용해 전개하기

$$e^x \sinh 3x = e^x \left(\frac{e^{3x} - e^{-3x}}{2} \right)$$

$$= \frac{e^{4x} - e^{-2x}}{2}$$

$$= \frac{(e^{2x})^2 - \dfrac{1}{e^{2x}}}{2}$$

STEP B 주어진 조건을 대입하여 구하고자 하는 값을 구하기

$$e^x \sinh 3x = \frac{3^2 - \dfrac{1}{3}}{2}$$

$$= \frac{\dfrac{26}{3}}{2}$$

$$= \frac{13}{3}$$

정답 ②

4 역삼각함수와 쌍곡선함수

🔎 정답 및 풀이 p.162

01 $\sin^{-1}\left(\sin\dfrac{6\pi}{7}\right)$의 값을 구하시오.

① 0   ② $\dfrac{\pi}{3}$ ③ $\dfrac{\pi}{7}$ ④ 1

02 $\cos\left(\cos^{-1}\left(-\dfrac{4}{5}\right)+\sin^{-1}\left(\dfrac{12}{13}\right)\right)$의 값을 구하시오.

① 0   ② $-\dfrac{56}{65}$ ③ $\dfrac{12}{65}$ ④ 1

03 $\sin\left(\cos^{-1}\dfrac{1}{5}\right)+\tan\left(\cos^{-1}\dfrac{1}{5}\right)$의 값은?

① $\dfrac{12\sqrt{6}}{5}$ ② $\dfrac{13\sqrt{6}}{5}$ ③ $\dfrac{12\sqrt{6}}{7}$ ④ $\dfrac{13\sqrt{6}}{7}$

04 $0 < x < \dfrac{\pi}{2}$에서 정의된 두 함수 $f(x) = \sin x$, $g(x) = \cos x$의 역함수를 각각 f^{-1}, g^{-1}라 정의할 때,

$f\left(f^{-1}\left(\dfrac{1}{3}\right) + g^{-1}\left(\dfrac{3}{4}\right)\right)$의 값은?

① $\dfrac{2\sqrt{14} - 3}{12}$ 　② $\dfrac{2\sqrt{14} + 3}{12}$ 　③ $\dfrac{6\sqrt{2} - \sqrt{7}}{12}$ 　④ $\dfrac{6\sqrt{2} + \sqrt{7}}{12}$

05 $\sin(\sin^{-1}x) = x$와 $\cos^{-1}(\cos x) = x$를 동시에 만족하는 x의 범위는?

① $-\dfrac{\pi}{2} \le x \le 0$ 　② $0 \le x \le 1$ 　③ $-1 \le x \le 1$ 　④ $0 \le x \le \pi$

06 함수 $f(x) = \left(x - \sqrt{1 - x^2}\right)\arccos x$에 대하여 $f\left(\cos\dfrac{4}{3}\pi\right)$를 구하면?

① $\dfrac{(-1 + \sqrt{3})\pi}{3}$ 　② $-\dfrac{(1 + \sqrt{3})\pi}{3}$ 　③ $\dfrac{2(-1 + \sqrt{3})\pi}{3}$ 　④ $-\dfrac{2(1 + \sqrt{3})\pi}{3}$

07 구간 $\left(-\dfrac{\pi}{2}, \dfrac{\pi}{2}\right)$에서 정의된 함수 $f(x) = \sin x$의 역함수를 $f^{-1}(x) = \sin^{-1} x$라 할 때, $\cos\left(2\sin^{-1}\left(\dfrac{2}{3}\right)\right)$의 값은?

① $\dfrac{1}{27}$ 　　　　② $\dfrac{1}{9}$ 　　　　③ $\dfrac{1}{3}$ 　　　　④ $\dfrac{4}{9}$

08 다음 중 $\dfrac{\pi}{4}$와 값이 <u>다른</u> 것은?

① $\tan^{-1}\left(\dfrac{1}{2}\right) + \tan^{-1}\left(\dfrac{1}{3}\right)$

② $\tan^{-1}\left(\dfrac{1}{4}\right) + \tan^{-1}\left(\dfrac{3}{5}\right)$

③ $\tan^{-1}\left(\dfrac{1}{5}\right) + \tan^{-1}\left(\dfrac{2}{3}\right)$

④ $\tan^{-1}\left(\dfrac{1}{8}\right) + \tan^{-1}\left(\dfrac{5}{13}\right)$

09 $f(x) = \cosh(\ln(\sec x + \tan x))$일 때, $f\left(\dfrac{\pi}{3}\right)$의 값을 구하시오.

① 1 　　　　② 2 　　　　③ 3 　　　　④ 4

10 $\cosh(\sinh^{-1}(-1))$의 값을 구하시오.

① $2\sqrt{3}$　　　　② $\sqrt{3}$　　　　③ $\sqrt{2}$　　　　④ $2\sqrt{2}$

11 방정식 $e^x \sinh x = 2$의 해가 a일 때, $\mathrm{sech}\,2a$의 값을 구하시오.

① $\dfrac{5}{13}$　　　② $\dfrac{\sqrt{5}}{3}$　　　③ $\dfrac{3}{4}$　　　④ $\dfrac{4}{5}$

12 $f(x)=\cosh^{-1}x$이고 $g(x)=\tanh x$일 때, $(g \circ f)\left(\dfrac{3}{2}\right)$의 값은?

① $\dfrac{1}{4}$　　　② $\pm\dfrac{\sqrt{5}}{3}$　　　③ $\dfrac{3}{\sqrt{5}}$　　　④ $\dfrac{\sqrt{5}}{3}$

13 $x = \ln(\csc\theta + \cot\theta)$일 때, $\csc\theta$를 바르게 구한 것은?

① $\sinh x$ ② $\cosh x$ ③ $\tanh x$ ④ $\operatorname{sech} x$

14 $x = \ln(\sec y + \tan y)$일 때, $\cosh x$의 값은?

① $\sin y$ ② $\tan y$ ③ $\cot y$ ④ $\sec y$

15 $\ln\left(\dfrac{1 - \tanh\dfrac{\theta}{2}}{1 + \tanh\dfrac{\theta}{2}}\right)$의 값은?

① -2θ ② $-\theta$ ③ θ ④ 2θ

함수의 극한과 연속

1 함수의 극한

1. 극한

(1) 극한(값)

함수 $f(x)$의 정의역 x가 a와 다른 값을 가지면서 a에 한없이 가까워질 때 $f(x)$가 일정한 값 b에 한없이 가까워지는 것을 다음과 같이 표현한다.

"x가 한없이 a에 가까워질 때, 함수 $f(x)$는 b에 수렴한다."

이때 b를 $f(x)$의 극한값 또는 극한이라고 한다. 기호로는 다음과 같이 나타낸다.

"$x \to a$일 때, $f(x) \to b$" 또는 $\lim\limits_{x \to a} f(x) = b$

(2) 좌극한(값)

$f(x)$에서 x가 a보다 작은 값을 가지면서 a에 한없이 가까워질 때, 즉, $x \to a-$일 때 $f(x)$가 일정한 값 α에 한없이 가까워지면 기호로 다음과 같이 나타낸다.

$f(x) \to \alpha$ 또는 $\lim\limits_{x \to a-} f(x) = \alpha$

이때의 α를 $f(x)$의 좌극한값 또는 좌극한이라 한다.

(3) 우극한(값)

$f(x)$에서 x가 a보다 큰 값을 가지면서 a에 한없이 가까워질 때, 즉, $x \to a+$일 때 $f(x)$가 일정한 값 β에 한없이 가까워지면 기호로 다음과 같이 나타낸다.

$f(x) \to \beta$ 또는 $\lim\limits_{x \to a+} f(x) = \beta$

이때의 β를 $f(x)$의 우극한값 또는 우극한이라 한다.

(TIP)▶ 기호 $x \to a$는 x가 a에 한없이 가까이 가되, $x \neq a$를 뜻한다.

2. 극한값이 존재할 조건

(1) $x = a$에서 함수 $f(x)$의 극한값이 존재할 조건

① $x = a$에서 좌극한값이 존재한다. $\left(\lim\limits_{x \to a-} f(x) = \alpha \right)$

② $x = a$에서 우극한값이 존재한다. $\left(\lim\limits_{x \to a+} f(x) = \beta \right)$

③ 좌극한값과 우극한값이 같다. $(\alpha = \beta)$

(TIP)▶ $x \to a$일 때 함수 $f(x)$의 극한값이 α라는 것은 $x = a$에서의 우극한과 좌극한이 존재하고, 그 값이 모두 α와 같음을 뜻한다.

$$\lim\limits_{x \to a+} f(x) = \lim\limits_{x \to a-} f(x) = \alpha \iff \lim\limits_{x \to a} f(x) = \alpha$$

따라서 우극한과 좌극한이 모두 존재하더라도, 그 값이 서로 같지 않으면 $\lim\limits_{x \to a} f(x)$는 존재하지 않는다.

3. $x \to \infty$, $x \to -\infty$ 일 때 함수 $f(x)$의 극한

(1) 수렴

함수 $f(x)$에서 x가 양 또는 음이면서 그 절댓값이 한없이 커질 때 $f(x)$의 값이 일정한 값 α에 수렴하는 것을 다음과 같이 표현한다.

$$\lim_{x \to \infty} f(x) = \alpha, \quad \lim_{x \to -\infty} f(x) = \alpha$$

(2) 발산

$f(x)$의 값이 ∞나 $-\infty$로 발산하는 경우에는 다음과 같이 표현한다.

$$\lim_{x \to \infty} f(x) = \infty, \quad \lim_{x \to \infty} f(x) = -\infty, \quad \lim_{x \to -\infty} f(x) = \infty, \quad \lim_{x \to -\infty} f(x) = -\infty$$

4. 극한값 구하기

(1) 다항함수의 극한값

$f(x)$가 다항함수일 때, $\lim_{x \to a} f(x) = f(a)$가 된다.

(2) 부정형($\frac{0}{0}$, $\frac{\infty}{\infty}$, $\infty - \infty$, $\infty \times 0$꼴)의 극한값: 부정이 아닌 꼴로 식을 변형하여 계산한다.

① 분수식의 부정형 $\frac{0}{0}$꼴: 인수분해나 유리화를 통하여 공통인수를 찾아 약분

② 분수식의 부정형 $\frac{\infty}{\infty}$꼴: $\lim_{x \to \infty} f(x) = \infty$, $\lim_{x \to \infty} g(x) = \infty$일 때, $\lim_{x \to \infty} \frac{g(x)}{f(x)}$에 대한 극한값은 $f(x)$와 $g(x)$의 최고차항의 영향을 받음

- $f(x)$의 차수 $<$ $g(x)$의 차수 $\Rightarrow \lim_{x \to \infty} \frac{g(x)}{f(x)}$는 ∞ 또는 $-\infty$로 발산

- $f(x)$의 차수 $=$ $g(x)$의 차수 $\Rightarrow \lim_{x \to \infty} \frac{g(x)}{f(x)} = \frac{g(x)의\ 최고차항의\ 계수}{f(x)의\ 최고차항의\ 계수}$로 수렴

- $f(x)$의 차수 $>$ $g(x)$의 차수 $\Rightarrow \lim_{x \to \infty} \frac{g(x)}{f(x)} = 0$으로 수렴

③ $\lim_{n \to \infty} x^n$의 극한값 계산: 구간을 4가지로 구분하여 구함

- $|x| < 1 \Rightarrow \lim_{n \to \infty} x^n = 0$

- $x = 1 \Rightarrow \lim_{n \to \infty} x^n = 1$

- $x = -1 \Rightarrow \lim_{n \to \infty} x^n = $진동

- $|x| > 1 \Rightarrow \lim_{n \to \infty} x^n = \pm \infty$

④ 합성함수의 극한: $\lim_{x \to a+} g(f(x))$의 값을 구하려면 우선 $f(x) = t$로 놓고 다음을 이용

- $x \to a+$일 때 $f(x) \to b+$이면 $\lim_{x \to a+} g(f(x)) = \lim_{t \to b+} g(t)$

- $x \to a+$일 때 $f(x) \to b-$이면 $\lim_{x \to a+} g(f(x)) = \lim_{t \to b-} g(t)$

- $x \to a+$일 때 $f(x) = b$이면 $\lim_{x \to a+} g(f(x)) = g(b)$

⑤ 가우스 함수의 극한

- $x \to \infty$일 때

  $f(x) = n + \alpha$ (단, n은 정수, $0 \le \alpha < 1$)

  $[f(x)] = n = f(x) - \alpha$

  $\lim_{x \to \infty} f(x) = \infty$일 때, $[f(x)]$의 극한과 $f(x)$의 극한은 α만큼 밖에 차이가 나지 않는다.

  따라서 $x \to \infty$일 때, $[f(x)]$를 $f(x)$로 바꾸어 구해도 차이가 없다.

- $x \to a$일 때

  a가 정수가 아닐 때 $\lim_{x \to a} [x] = [a]$

  a가 정수 n일 때 $\lim_{x \to n+} [x] = n$, $\lim_{x \to n-} [x] = n - 1$

- $f(a) = n$일 때

  n이 정수가 아니면 $\lim_{x \to a} [f(x)] = [f(a)] = [n]$

  n이 정수이면 $\begin{cases} \text{증가할 때, } \lim_{x \to a-} [f(x)] = n - 1,\ \lim_{x \to a+} [f(x)] = n \\ \text{감소할 때, } \lim_{x \to a-} [f(x)] = n,\ \lim_{x \to a+} [f(x)] = n - 1 \end{cases}$

(TIP)▶ • 가우스 함수의 극한은 숫자를 대입하여 계산이 가능하다면 대입 후 계산한다. 단, 계산이 불가하다면 $[x] = x - \alpha$, $0 \le \alpha < 1$ 임을 이용한다.
• 이후 '로피탈의 정리'로 접근하면 부정형의 극한값을 조금 더 수월하게 구할 수 있다.

5. 함수의 극한에 관한 성질

$\lim_{x \to a} f(x) = \alpha$, $\lim_{x \to a} g(x) = \beta$일 때

① $\lim_{x \to a} cf(x) = c \lim_{x \to a} f(x) = c\alpha$ (단, c는 상수)

② $\lim_{x \to a} \{f(x) \pm g(x)\} = \lim_{x \to a} f(x) \pm \lim_{x \to a} g(x) = \alpha \pm \beta$ (복호동순)

③ $\lim_{x \to a} f(x)g(x) = \lim_{x \to a} f(x) \cdot \lim_{x \to a} g(x) = \alpha\beta$

④ $\lim_{x \to a} \dfrac{f(x)}{g(x)} = \dfrac{\lim_{x \to a} f(x)}{\lim_{x \to a} g(x)} = \dfrac{\alpha}{\beta}$ (단, $g(x) \neq 0$, $\beta \neq 0$)

⑤ $\lim_{x \to a} [f(x)]^n = [\lim_{x \to a} f(x)]^n$

⑥ $\lim_{x \to a} c = c$, $\lim_{x \to a} x = a$

⑦ $\lim_{x \to a} x^n = a^n$ (n은 양의 정수)

⑧ $\lim_{x \to a} \sqrt[n]{x} = \sqrt[n]{a}$ (n은 양의 정수, n이 짝수이면 $a > 0$)

⑨ $\lim_{x \to a} \sqrt[n]{f(x)} = \sqrt[n]{f(a)}$ (n은 양의 정수, n이 짝수이면 $\lim_{x \to a} f(x) > 0$으로 가정)

(TIP)▶ 극한에 관한 성질을 이용하면 함수의 극한을 보다 쉽고 간편하게 구할 수 있다.

6. 미정계수의 결정

두 함수 $f(x)$, $g(x)$에 대하여

① $\lim\limits_{x \to a}\dfrac{f(x)}{g(x)}=\alpha$ (α는 상수)이고, $\lim\limits_{x \to a}g(x)=0$이면 $\lim\limits_{x \to a}f(x)=0$이다.

② $\lim\limits_{x \to a}\dfrac{f(x)}{g(x)}=\alpha$ ($\alpha \neq 0$, α는 상수)이고, $\lim\limits_{x \to a}f(x)=0$이면 $\lim\limits_{x \to a}g(x)=0$이다.

7. 극한의 대소 관계

a에 가까운 값 x에 대하여 항상 다음을 만족한다.

① $f(x) \leq g(x)$이고 $\lim\limits_{x \to a}f(x)=\alpha$, $\lim\limits_{x \to a}g(x)=\beta$이면 $\alpha \leq \beta$이다.

② 압축 정리(스퀴즈 정리)

   $f(x) \leq g(x) \leq h(x)$이고 $\lim\limits_{x \to a}f(x)=\lim\limits_{x \to a}h(x)=\alpha$이면 $\lim\limits_{x \to a}g(x)=\alpha$이다.

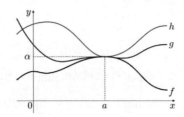

01

함수 $y = f(x)$의 그래프가 다음 그림과 같을 때, 다음 보기 중 옳은 것을 모두 나열한 것은?

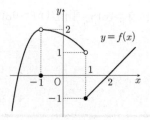

| 보 기 |

ㄱ. $\lim\limits_{x \to -1} f(x) = 2$
ㄴ. $\lim\limits_{x \to 1+} f(f(x)) = 1$
ㄷ. $\lim\limits_{x \to 1+} f(x) + \lim\limits_{x \to 1-} f(x) = 0$

① ㄱ, ㄴ   ② ㄱ, ㄷ   ③ ㄴ, ㄷ   ④ ㄱ, ㄴ, ㄷ

공략 포인트

극한 정의
(극한, 좌극한, 우극한)

풀이

ㄱ. $\lim\limits_{x \to -1+} f(x) = 2$, $\lim\limits_{x \to -1-} f(x) = 2$이므로 $\lim\limits_{x \to -1} f(x) = 2$ (참)

ㄴ. $\lim\limits_{x \to 1+} f(x) = -1$이고 $\lim\limits_{x \to -1} f(x) = 2$이므로 $\lim\limits_{x \to 1+} f(f(x)) = 2$ (거짓)

ㄷ. $\lim\limits_{x \to 1+} f(x) = -1$, $\lim\limits_{x \to 1-} f(x) = 1$이므로 $\lim\limits_{x \to 1+} f(x) + \lim\limits_{x \to 1-} f(x) = -1+1 = 0$ (참)

정답 ②

02

부호함수 $sgn(x)$는 아래와 같이 정의된다.

$$sgn(x) = \begin{cases} -1 & (x < 0) \\ 0 & (x = 0) \\ 1 & (x > 0) \end{cases}$$

다음 중 극한값이 존재하지 <u>않는</u> 것은?

① $\lim\limits_{x \to 0+} sgn(x)$ ② $\lim\limits_{x \to 0-} sgn(x)$ ③ $\lim\limits_{x \to 0} sgn(x)$ ④ $\lim\limits_{x \to 0} |sgn(x)|$

공략 포인트

$x = 0$에서 극한값이 존재할
조건
1) $x = 0$에서 좌극한 존재
2) $x = 0$에서 우극한 존재
3) 좌극한과 우극한이 같다.

풀이

① $\lim\limits_{x \to 0+} sgn(x) = 1$이다.

② $\lim\limits_{x \to 0-} sgn(x) = -1$이다.

③ $x = 0$에서 좌극한은 -1이고, 우극한은 1이다. 따라서 $x = 0$에서의 극한값은 존재하지 않는다.

④ 절댓값에 의해 좌극한은 1이고 우극한도 1이 된다. 따라서 $\lim\limits_{x \to 0} |sgn(x)| = 1$이다.

정답 ③

03

다음 극한값을 구하시오.

(1) $\displaystyle\lim_{x \to 3+} \frac{2x}{x-3}$

(2) $\displaystyle\lim_{n \to \infty} \frac{7-2n+4n^2}{3n-n^2}$

공략 포인트

(2) 부정형의 극한값
분자, 분모 차수가 같은 경우의
극한값은 최고차항의 계수비로
도 알 수 있다.

풀이

(1) $\displaystyle\lim_{x \to 3+} \frac{2x}{x-3} = \infty$

(2) $\displaystyle\lim_{n \to \infty} \frac{7-2n+4n^2}{3n-n^2} = \frac{\infty}{\infty}$ 꼴이므로 분모, 분자를 n^2으로 나누면 $\displaystyle\lim_{n \to \infty} \frac{\dfrac{7}{n^2} - \dfrac{2}{n} + 4}{\dfrac{3}{n} - 1} = -4$이다.

정답 (1) ∞ (2) -4

04

$f(x) = \displaystyle\lim_{n \to \infty} \frac{x^{2n+1}-x-1}{x^{2n}+1}$ 일 때, $\displaystyle\lim_{x \to 1+} f(x) + \lim_{x \to 1-} f(x) + f(1)$의 값을 구하시오.

① $\dfrac{1}{2}$ ② $-\dfrac{1}{2}$ ③ $\dfrac{3}{2}$ ④ $-\dfrac{3}{2}$

공략 포인트

$\displaystyle\lim_{n \to \infty} x^n$의 극한값 계산은
구간을 나누어 구한다.

풀이

$f(x) = \displaystyle\lim_{n \to \infty} \frac{x \cdot x^{2n}-x-1}{x^{2n}+1}$ 에서

(i) $x > 1$일 때, 분모와 분자를 x^{2n}으로 나누면 $f(x) = \displaystyle\lim_{n \to \infty} \frac{x - \dfrac{x}{x^{2n}} - \dfrac{1}{x^{2n}}}{1 + \dfrac{1}{x^{2n}}} = x$

(ii) $0 < x < 1$ 일 때, $f(x) = \displaystyle\lim_{n \to \infty} \frac{x \cdot x^{2n}-x-1}{x^{2n}+1} = -x-1$ $(\because |x| < 1, \displaystyle\lim_{n \to \infty} x^n = 0)$

(iii) $x = 1$일 때, $f(1) = \dfrac{1-1-1}{1+1} = -\dfrac{1}{2}$

$\therefore \displaystyle\lim_{x \to 1+} f(x) + \lim_{x \to 1-} f(x) + f(1) = \lim_{x \to 1+} x + \lim_{x \to 1-} (-x-1) - \frac{1}{2} = 1 - 2 - \frac{1}{2} = -\frac{3}{2}$

정답 ④

05

다음 극한값 중에서 가장 큰 것은? (단, $[x]$는 x보다 크지 않은 최대의 정수)

① $\displaystyle\lim_{x \to 0-} \frac{x}{[x]}$

② $\displaystyle\lim_{x \to 1.5} \frac{x}{[x]}$

③ $\displaystyle\lim_{x \to 0+} \frac{[x+1]}{x-1}$

④ $\displaystyle\lim_{x \to 0-} \frac{[x-1]}{x-1}$

공략 포인트 ◉

가우스 함수의 극한값 계산문제에서 숫자를 대입하여 계산이 가능하다면, 대입 후 극한을 구한다.

풀이

① $\displaystyle\lim_{x \to 0-} \frac{x}{[x]} = \frac{0}{-1} = 0$

② $\displaystyle\lim_{x \to 1.5} \frac{x}{[x]} = \frac{1.5}{1} = 1.5$

③ $\displaystyle\lim_{x \to 0+} \frac{[x+1]}{x-1} = \frac{1}{-1} = -1$

④ $\displaystyle\lim_{x \to 0-} \frac{[x-1]}{x-1} = \frac{-2}{-1} = 2$

정답 ④

06

두 상수 a, b가 $\displaystyle\lim_{x \to 2} \frac{x^2-(a+2)x+2a}{x^2-b} = 3$을 만족시킬 때, $a+b$의 값은?

① -6　　　　② 4　　　　③ -10　　　　④ 1

공략 포인트 ◉

미정계수 결정
분모 또는 분자의 극한이 0이면, 분자 또는 분모의 극한도 0임을 이용하여 미정계수를 구한다.

풀이

$x^2-(a+2)x+2a = (x-2)(x-a)$이므로

$x \to 2$일 때, $x^2-(a+2)x+2a \to 0$

따라서 $x \to 2$일 때, $x^2-b \to 0$, 즉 $\displaystyle\lim_{x \to 2} (x^2-b) = 0$이어야 한다.

따라서 $b = 4$이고, 이를 주어진 식에 대입하면 다음과 같다.

$\displaystyle\lim_{x \to 2} \frac{x^2-(a+2)x+2a}{x^2-b} = \lim_{x \to 2} \frac{(x-2)(x-a)}{x^2-4} = \lim_{x \to 2} \frac{(x-2)(x-a)}{(x+2)(x-2)} = \lim_{x \to 2} \frac{x-a}{x+2}$

이므로 $\displaystyle\lim_{x \to 2} \frac{x-a}{x+2} = 3$

즉, $\dfrac{2-a}{4} = 3$에서 $a = -10$이다.

구하고자 하는 $a+b = -10+4 = -6$이다.

정답 ①

2 함수의 연속

1. 연속

(1) **의미**: 함수 $f(x)$가 $x=a$에서 연속이라는 것은 $f(x)$의 그래프가 $x=a$에서 끊어지지 않고 연결된 것을 말한다.

(2) **연속일 조건**

    ① $x=a$에서 함숫값이 존재한다. $(f(a)=\alpha)$

    ② $x=a$에서 극한값이 존재한다. $\left(\lim\limits_{x \to a} f(x) = \beta\right)$

    ③ 함숫값과 극한값이 같다. $(\alpha = \beta)$

(3) **그래프에서의 연속성 판단**

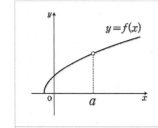	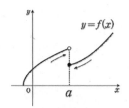	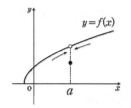	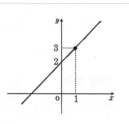

① 연속성 판단
  $x=a$에서 불연속
② 판단근거
  $x=a$에서 함숫값이
  존재하지 않기 때문이다.
	① 연속성 판단
	  $x=a$에서 불연속
	② 판단근거
	  $x=a$에서 극한값이
	  존재하지 않기 때문이다.
		① 연속성 판단
		  $x=a$에서 불연속
		② 판단근거
		  $x=a$에서 극한값과
		  함숫값이 같지 않기
		  때문이다.
			① 연속성 판단
			  $x=1$에서 연속
			② 판단근거
			  $x=1$에서 함숫값과
			  극한값이 존재하고,
			  그 값이 서로 같기
			  때문이다.

(TIP) ▶ $f(x)$가 a에서 연속이 아닐 때 $f(x)$는 a에서 불연속이라고 한다.

2. 연속함수의 성질

두 함수 $f(x)$, $g(x)$가 모두 $x=a$에서 연속이면, 다음 각 함수도 $x=a$에서 연속이다.

① $kf(x)$ (단, k는 상수)

② $f(x) \pm g(x)$

③ $f(x)g(x)$

④ $\dfrac{f(x)}{g(x)}$ (단, $g(x) \neq 0$)

3. 연속함수 관련 정리

(1) 연속함수의 합성함수도 연속성을 가진다는 것에 관한 정리

함수 $g(x)$가 $x=a$에서 연속이고, 함수 $f(y)$가 $y=g(a)$에서 연속이면 $(f \circ g)(x)$도 $x=a$에서 연속이다.

(2) 합성함수의 함숫값에 관한 정리

$f(y)$가 $y=l$에서 연속이고 $\lim_{x \to a}g(x)=l$이면 $\lim_{x \to a}f(g(x))=f\left[\lim_{x \to a}g(x)\right]=f(l)$

4. 중간값(사잇값) 정리와 따름 정리

(1) 중간값 정리

함수 $y=f(x)$가 $[a,b]$에서 연속이고, $f(a) \neq f(b)$일 때 $f(a)$와 $f(b)$ 사이 임의의 값 k에 대해 $f(c)=k$를 만족하는 c가 구간(a, b)에 적어도 하나 존재한다.

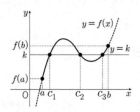

(2) 따름 정리

함수 $y=f(x)$가 $[a, b]$에서 연속이고,

$f(a) \cdot f(b) < 0$이면, a와 b사이에

$f(x)=0$의 근이 적어도 하나 존재한다.

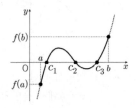

01

$f(x) = \begin{cases} \dfrac{x^2+x-6}{x+3} & (x \neq -3) \\ c & (x=-3) \end{cases}$ 에 대해 $x=-3$에서 연속이 되도록 하는 c의 값은?

① -5 ② -3 ③ 2 ④ 3

공략 포인트

함수 $f(x)$가 $x=-3$에서 연속이 되도록 하는 조건인 $x=-3$에서의 함숫값과 극한값이 같음을 이용하여 c값을 구한다.

풀이

$x=-3$에서 연속이기 위해서 $f(-3) = \lim\limits_{x \to -3} f(x)$가 성립해야 한다.

(i) $f(-3) = c$

(ii) $\lim\limits_{x \to -3} f(x) = \lim\limits_{x \to -3} \dfrac{x^2+x-6}{x+3} = \lim\limits_{x \to -3} \dfrac{(x+3)(x-2)}{x+3} = \lim\limits_{x \to -3} x-2 = -5$

(i)과 (ii)가 같아야 하므로 $c=-5$이다.

정답 ①

02

다음 함수 $f(x) = \begin{cases} \dfrac{x-2}{\sqrt{x^2+5}-3} & , x < 2 \\ ax+2 & , x \geq 2 \end{cases}$ 가 $x=2$에서 연속일 때 상수 a의 값은?

① 1 ② $-\dfrac{1}{4}$ ③ $\dfrac{3}{2}$ ④ $\dfrac{3}{4}$

공략 포인트

함수 $f(x)$가 $x=2$에서 연속이 되도록 하는 조건인 $x=2$에서의 함숫값과 극한값이 같음을 이용하여 a값을 구한다.

풀이

$x=2$에서 연속이기 위해서 $f(2) = \lim\limits_{x \to 2} f(x)$가 성립해야 한다.

(i) $f(2) = 2a+2$

(ii) $\lim\limits_{x \to 2} f(x) = \begin{cases} \lim\limits_{x \to 2-} \dfrac{x-2}{\sqrt{x^2+5}-3} & \cdots Ⓐ \\ \lim\limits_{x \to 2+} ax+2 & \cdots Ⓑ \end{cases}$

Ⓐ $\lim\limits_{x \to 2-} \dfrac{(x-2)(\sqrt{x^2+5}+3)}{(\sqrt{x^2+5}-3)(\sqrt{x^2+5}+3)} = \lim\limits_{x \to 2-} \dfrac{(x-2)(\sqrt{x^2+5}+3)}{(x+2)(x-2)} = \lim\limits_{x \to 2-} \dfrac{\sqrt{x^2+5}+3}{x+2} = \dfrac{3}{2}$

Ⓑ $\lim\limits_{x \to 2+} ax+2 = 2a+2$

먼저 극한값이 같아야 하므로 Ⓐ=Ⓑ이어야 한다.

즉, $\dfrac{3}{2} = 2a+2 \Leftrightarrow a=-\dfrac{1}{4}$이다.

$a=-\dfrac{1}{4}$일 때 함숫값 (i)과 극한값 (ii)도 같다.

정답 ②

03

$x \geq 0$에서 정의된 함수 $f(x) = \lim\limits_{n \to \infty} \dfrac{x^{n+1} - ax^2 + 2}{x^n + 1}$가 $x = 1$에서 연속이 되도록 상수 a의 값은?

① 1   ② 2   ③ 3   ④ 4

공략 포인트

함수 $f(x)$가 $x = 1$에서 연속이 되도록 하는 조건인 $x = 1$에서의 함숫값과 극한값이 같음을 이용하여 상수 a값을 구한다.
이때 $\lim\limits_{n \to \infty} x^n$의 극한값 계산은 구간을 나누어 구한다.

풀이

(i) $0 \leq x < 1$일 때 $f(x) = -ax^2 + 2$ $\left(\because \lim\limits_{n \to \infty} x^n = 0 \, (0 \leq x < 1)\right)$

(ii) $x > 1$일 때 $f(x) = x$

(iii) $x = 1$일 때 $f(1) = \dfrac{3-a}{2}$

함수 $f(x)$가 $x = 1$에서 연속이려면 $\lim\limits_{x \to 1-} (-ax^2 + 2) = \lim\limits_{x \to 1+} x = f(1)$이어야 한다.

$\therefore -a + 2 = 1 = \dfrac{3-a}{2}$에서 $a = 1$이다.

정답 ①

04

함수 $f(x) = \begin{cases} x^2 - 2x - 1 & (x < 1) \\ 1 & (x = 1) \\ -x^2 + 2x + 1 & (x > 1) \end{cases}$에 대하여 합성함수 $f(f(x))$가 불연속이 되는 x값이 <u>아닌</u> 것은?

① 1   ② 2   ③ $\sqrt{3}$ ④ $1 - \sqrt{3}$

공략 포인트

함수 $f(x)$가 $x = 1$에서 함숫값과 극한값이 같지 않으므로, $f(x)$는 $x = 1$에서 불연속이다.

풀이

함수 $f(x)$는 $x = 1$에서 불연속이므로 합성함수 $f(f(x))$는 $f(x) = 1$이 되는 x의 값에서 불연속이다.
(i) $x < 1$일 때
    $x^2 - 2x - 1 = 1$에서 $x^2 - 2x - 2 = 0$
    $\therefore x = 1 - \sqrt{3}$ $(\because x < 1)$
(ii) $x = 1$일 때
    $1 = 1$이므로 $x = 1$
(iii) $x > 1$일 때
    $-x^2 + 2x + 1 = 1$에서 $x(x - 2) = 0$
    $\therefore x = 2$ $(\because x > 1)$
따라서 합성함수 $f(f(x))$가 불연속이 되는 x의 값은 $1 - \sqrt{3}$, 1, 2이다.

정답 ③

05

다음 중 방정식 $\dfrac{7}{3}x^4 - 5x + \dfrac{3}{2} = 0$의 근이 존재하는 구간을 모두 고른 것은?

| 보기 |

ㄱ. $[0, 1]$ ㄴ. $[1, 2]$ ㄷ. $[2, 3]$ ㄹ. $[3, 4]$

① ㄱ, ㄷ   ② ㄷ   ③ ㄱ, ㄴ   ④ ㄴ, ㄹ

공략 포인트

중간값 정리의 따름 정리
함수 $y = f(x)$가 $[a, b]$에서 연속이고 $f(a)f(b) < 0$이면, a와 b사이에 $f(x) = 0$의 근이 적어도 하나 존재한다.

풀이

$f(x) = \dfrac{7}{3}x^4 - 5x + \dfrac{3}{2}$라 하면 $f(x)$는 연속함수이고,

$f(0) > 0$, $f(1) < 0$, $f(2) > 0$, $f(3) > 0$, $f(4) > 0$이므로
중간값 정리의 따름 정리에 의해 근이 존재하는 구간은 $[0, 1]$, $[1, 2]$이다.

정답 ③

3 함수의 극한과 연속

출제경향
분석

극한 개념은 함수의 연속뿐만 아니라 미분가능성, 적분가능성 판정과도 관련이 있으므로 연계 학습을 추천합니다.

특히 부정형 극한값을 구하는 문제의 빈출도가 높으며, 로피탈 정리나 매클로린 급수와 연계되어 출제되곤 합니다.

연속일 조건에 관해 묻는 문제도 꾸준히 출제되고 있습니다.

---

01 미정계수의 결정

🔍 개념 1. 함수의 극한

x에 대한 다항식 $f(x)$가 다음을 만족시킬 때, $f(4)$의 값을 구하시오.

$$\lim_{x \to \infty}\frac{f(x)}{x^2+4x-1}=2 \ , \ \lim_{x \to 0}\frac{f(2+x)}{x}=3$$

① 12　　　　② 14　　　　③ 16　　　　④ 18

풀이

STEP A　분수식의 부정형이 수렴하는 극한에서 함수식 구하기

$\lim\limits_{x \to \infty}\dfrac{f(x)}{x^2+4x-1}=2$에서 $f(x)$는 이차항의 계수가 2인 이차식임을 알 수 있다.

또한, $\lim\limits_{x \to 0}\dfrac{f(2+x)}{x}=3$에서 $x \to 0$일 때 (분모)$\to 0$이므로

분자인 $f(2+x)\to 0$ 이어야 한다. 그러므로 $f(2)=0$이다.

즉, $f(x)=2(x-2)(x+a)$ (단, a는 상수)로 놓을 수 있다.

STEP B　다항함수의 극한값을 구하여 미정계수 결정하기

$$\lim_{x \to 0}\frac{f(2+x)}{x} = \lim_{x \to 0}\frac{2x(2+x+a)}{x} = \lim_{x \to 0}2(2+x+a)=4+2a=3$$

$$\therefore a=-\frac{1}{2}$$

따라서 구하고자 하는 다항식 $f(x)=2(x-2)\left(x-\dfrac{1}{2}\right)$이다.

STEP C　함숫값 구하기

$$f(4)=2\times2\times\frac{7}{2}=14$$

정답 ②

02
연속일 조건

다음 함수 $f(x)$가 $x=0$에서 연속이라고 한다. a의 값은?

$$f(x) = \begin{cases} 1 - x\sin\dfrac{1}{e^{4x}} & , \ x \neq 0 \\ a & , \ x = 0 \end{cases}$$

① -2 ② -1 ③ 0 ④ 1

풀이

STEP A 연속일 조건 확인하기
$x=0$에서 연속이면 $f(0) = \lim\limits_{x \to 0} f(x)$이어야 한다.

STEP B 극한값 구하기
$$\begin{aligned} \lim_{x \to 0} f(x) &= \lim_{x \to 0}\left\{ 1 - x\sin\left(\frac{1}{e^{4x}}\right) \right\} \\ &= 1 - 0 \times \sin(1) \\ &= 1 \end{aligned}$$

STEP C 함숫값 구하기
$f(0) = a$

STEP D 연속일 조건 활용하기
$f(0) = a = 1$일 때 함수 $f(x)$가 $x=0$에서 연속이다.

정답 ④

4 함수의 극한과 연속

🔍 정답 및 풀이 p.165

01 다음 함수의 극한값을 구하시오.

$$\lim_{x \to 0} \frac{e^{\frac{1}{x}}}{e^{\frac{1}{x}} - e^{-\frac{1}{x}}}$$

① 0   ② −1   ③ 1   ④ 존재하지 않는다.

02 극한 $\lim\limits_{x \to \infty}\left(\sqrt{x^2 + 1} - x \right)$의 값을 구하시오.

① 0   ② 1   ③ 2   ④ 4

03 극한 $\lim\limits_{x \to \infty}\left(\tanh x + \dfrac{\cosh x}{1 + \sinh^2 x} + \dfrac{\pi}{2} - \tan^{-1} x \right)$의 값은?

① 1   ② $\dfrac{1}{2}$ ③ 0   ④ $\dfrac{\pi}{2}$

04 $\lim\limits_{x \to 0+} \dfrac{x}{2}\left[\dfrac{3}{x}\right]$ 의 값을 구하시오. (단, 여기서 $[x]$는 x보다 작거나 같은 가장 큰 정수를 의미한다.)

① 0   ② $\dfrac{2}{3}$ ③ 1   ④ $\dfrac{3}{2}$

05 수열 $\{a_n\}$이 모든 자연수 n에 대하여 $n-5 < a_n < n-2$를 만족시킬 때, 극한값 $\lim\limits_{n\to\infty}\dfrac{2n-a_n}{1-8a_n}$ 을 구하면?

① $-\dfrac{1}{8}$ ② $-\dfrac{1}{4}$ ③ 0   ④ $\dfrac{1}{2}$

06 $\lim\limits_{x \to -\infty} \dfrac{x+1}{\sqrt{x^2+x}-x}$ 의 값은?

① $-\dfrac{1}{2}$ ② $\dfrac{1}{2}$ ③ 1   ④ -1

07 $\lim_{x \to n} \dfrac{[x]^2 + x}{2[x]}$ 의 값이 존재할 때 정수 n의 값은? (단, $[x]$는 x보다 크지 않은 최대의 정수이다.)

① 없다.　　　　　② 0　　　　　③ 2　　　　　④ 4

08 $0 < a < b$인 상수 a, b에 대하여 $\lim_{n \to \infty} \left(a^n + b^n\right)^{\frac{1}{n}}$의 값을 구하시오.

① a　　　　　② b　　　　　③ $a+b$　　　　　④ 발산한다.

09 $x \to 0$일 때의 극한값이 존재하는 함수인 것만을 |보기|에서 있는 대로 고른 것은?

(단, $[x]$는 x보다 크지 않은 최대의 정수이다.)

---------| 보 기 |---------

ㄱ. $f(x) = \tan x \sin \dfrac{1}{x}$　　　　　ㄴ. $g(x) = x \sin \dfrac{1}{x}$　　　　　ㄷ. $h(x) = [x^2]$

① ㄱ　　　　　② ㄱ, ㄴ　　　　　③ ㄴ, ㄷ　　　　　④ ㄱ, ㄴ, ㄷ

10 $\lim\limits_{x \to 1} \dfrac{f(x)}{x-1} = 1$, $\lim\limits_{x \to 2} \dfrac{f(x)}{x-2} = 2$, $\lim\limits_{x \to 3} \dfrac{f(x)}{x-3} = 3$인 n차 다항식 $f(x)$에 대하여 n의 최솟값은?

① 2   ② 3   ③ 4   ④ 5

11 구간 $\left(-\dfrac{1}{2}, \dfrac{1}{2} \right)$에서 정의된 함수 $f(x) = \begin{cases} \dfrac{x^2+2x}{\sqrt{1+2x} - \sqrt{1-2x}} & (x \neq 0) \\ a & (x = 0) \end{cases}$ 가 $x = 0$에서 연속일 때 상수 a의 값을 구하시오.

① 1   ② 2   ③ 3   ④ 4

12 다음 중 $x = 2$에서 연속인 함수의 개수는? (단, $[x]$는 x보다 크지 않은 최대 정수이다.)

┃ 보 기 ┃

ㄱ. $f(x) = \dfrac{x^2 - x - 2}{x - 2}$ ㄴ. $f(x) = \begin{cases} \dfrac{x^2 - x - 2}{x - 2} & , x \neq 2 \\ 1 & , x = 2 \end{cases}$

ㄷ. $f(x) = [x]$ ㄹ. $f(x) = \begin{cases} \dfrac{x^2 - x - 2}{x - 2} & , x \neq 2 \\ 3 & , x = 2 \end{cases}$

① 0개   ② 1개   ③ 2개   ④ 3개

13 양의 실수에서 정의된 함수 $f(x) = \lim\limits_{n \to \infty} \dfrac{x - |\log_2 x|^n}{x^2 - |\log_2 x|^n}$ 에서 불연속인 점들의 모든 x 좌표의 합은?

① $\dfrac{5}{2}$ ② 3   ③ $\dfrac{1}{2}$ ④ 2

14 함수 $f(x) = \lim\limits_{a \to \infty} \dfrac{ax(\sqrt{a+x} - \sqrt{a-x})}{\sqrt{ax^2 + 1}}$ 에 대한 설명으로 다음 중 옳은 것은?

① $f(x) = x$ 이다.   ② $f(x)$는 불연속점을 2개 갖는다.

③ $f(x)$는 $x = 0$ 에서 불연속이다.   ④ $f(x)$는 우함수이다.

15 다음과 같이 정의된 함수 $h(x)$가 실수 전체에서 연속일 때, a의 값은?

$$h(x) = \begin{cases} \tan\left(\dfrac{\pi x}{2}\right), & x < -\dfrac{1}{3} \ \text{또는} \ x > \dfrac{2}{3} \\ ax + b, & -\dfrac{1}{3} \le x \le \dfrac{2}{3} \end{cases}$$

① $\dfrac{1}{\sqrt{3}}$ ② $\dfrac{2}{\sqrt{3}}$ ③ $\dfrac{3}{\sqrt{3}}$ ④ $\dfrac{4}{\sqrt{3}}$

16 함수 $f(x) = \lim\limits_{n \to \infty} \left(\dfrac{|x|^n - 1}{|x|^n + 1} + x \right)$의 불연속점을 모두 찾으면?

① $x = 0, -1, 1$ ② $x = 0, -1$ ③ $x = -1, 1$ ④ $x = 1$

17 함수 $f(x) = [\sin x]$에 대하여 옳은 것을 |보기|에서 있는 대로 고른 것은?
(단, $0 < x < 2\pi$, $[x]$는 x보다 크지 않은 최대의 정수이다.)

————————————— | 보 기 | —————————————

ㄱ. $\lim\limits_{x \to 1} f(x) = f(1)$

ㄴ. 정의역 내의 임의의 실수 a에 대하여 $\lim\limits_{x \to a} f(x)$의 값은 존재한다.

ㄷ. 정의역 내에서 불연속인 점의 개수는 2개이다.

① ㄱ ② ㄷ ③ ㄱ, ㄴ ④ ㄱ, ㄷ

18 다음 |보기|에 주어진 함수들 중 $x = 0$에서 연속인 함수의 개수는?

————————————— | 보 기 | —————————————

ㄱ. $f(x) = \begin{cases} 1, & x \text{ 는 유리수} \\ 0, & x \text{ 는 무리수} \end{cases}$ ㄴ. $f(x) = \begin{cases} x, & x \text{ 는 유리수} \\ -x, & x \text{ 는 무리수} \end{cases}$

ㄷ. $f(x) = \begin{cases} x^2, & x \text{ 는 유리수} \\ 0, & x \text{ 는 무리수} \end{cases}$

① 0 ② 1 ③ 2 ④ 3

19 실수 전체의 집합에서 정의된 두 함수 $f(x) = \begin{cases} 2, & (x > 0) \\ 1, & (x = 0) \\ 0, & (x < 0) \end{cases}$, $g(x) = \sin \pi x$ 에 대하여 옳은 것만을 | 보기 |에서 있는 대로 고른 것은?

| 보 기 |

ㄱ. $f(f(x))$는 상수함수이다.　　　　　　　　ㄴ. $\lim_{x \to 0} f(g(x))$의 값이 존재한다.

ㄷ. $g(f(x))$는 $x = 0$에서 연속이다.

---

① ㄱ　　　　　　② ㄱ, ㄴ　　　　　　③ ㄷ　　　　　　④ ㄴ, ㄷ

20 함수 $f(x)$는 연속함수이고 $f(0) = 1$, $f(1) = a^2 - a - 1$, $f(2) = 13$을 만족한다.
방정식 $f(x) - x^2 - 4x = 0$이 구간 $(0,1)$, $(1,2)$에서 각각 적어도 하나의 실근을 가지도록 하는 실수 a의 값의 범위가
$\alpha < a < \beta$일 때, $\alpha^2 + \beta^2$의 값은?

① 9　　　　　　② 10　　　　　　③ 13　　　　　　④ 18

03

미분법

1 미분계수와 도함수

1. 평균변화율

(1) **정의**: 함수 $y = f(x)$에서 정의역 x의 값이 a에서 b까지 변하였을 때 함숫값의 변화율

$$\frac{\Delta y}{\Delta x} = \frac{f(b) - f(a)}{b - a} = \frac{f(a + \Delta x) - f(a)}{\Delta x}$$

(2) **기하학적 의미**: 직선 AB의 기울기

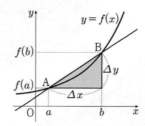

(3) **용어**

① x의 증분(Δx): x값의 변화량으로, $\Delta x = b - a$

② y의 증분(Δy): y값의 변화량으로, $\Delta y = f(b) - f(a) = f(a + \Delta x) - f(a)$

2. 미분계수

(1) **정의**: 함수 $y = f(x)$에서 정의역 x의 값이 a에서 $a + \Delta x$까지 변할 때의 평균변화율에서 증분 $\Delta x \to 0$에 가까워질 때 평균변화율의 극한값

$$f'(a) = \lim_{\Delta x \to 0} \frac{\Delta y}{\Delta x} = \lim_{\Delta x \to 0} \frac{f(a + \Delta x) - f(a)}{\Delta x}$$

(2) **기하학적 의미**

① 배경

동점 P가 다음 그림과 같이 곡선 $y = f(x)$를 따라 점 A에 점점 가까워지고 있을 때,

Δx가 0에 한없이 가까워지면 점 P는 곡선 $y = f(x)$를 따라 점 A에 한없이 가까워진다.

또한, 직선 AP는 점 A를 지나는 한 직선 l에 한없이 가까워진다.

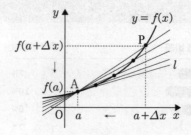

② 의미
- $f'(a)$는 곡선 $y=f(x)$ 위의 점 $(a, f(a))$에서의 접선의 기울기를 나타낸다.
- 접선 l이 x축 양의 방향과 이루는 각의 크기를 θ라 하면 $f'(a)=\tan\theta$

(3) 용어

① 접선: 곡선 위의 점 A에서의 직선 l
② 접점: 점 A

(4) 미분계수의 예시

함수 $f(x)=x^2$ 의 $x=1$에서의 미분계수

$$f'(1)=\lim_{\Delta x \to 0}\frac{f(1+\Delta x)-f(1)}{\Delta x}=\lim_{\Delta x \to 0}\frac{(1+\Delta x)^2-1^2}{\Delta x}$$

$$=\lim_{\Delta x \to 0}\frac{\Delta x^2+2\Delta x+1-1}{\Delta x}=\lim_{\Delta x \to 0}\frac{\Delta x(\Delta x+2)}{\Delta x}=\lim_{\Delta x \to 0}(\Delta x+2)=2$$

3. 미분가능 조건

(1) $x=a$에서 미분가능할 조건(정의)

① $x=a$에서 연속이다.
② $x=a$에서 좌미분계수, 우미분계수가 존재한다.
③ 좌미분계수와 우미분계수가 같다.

(2) $x=a$에서 미분가능할 조건(식)

① $f(a)=\lim_{x \to a}f(x)$
② $\lim_{h \to 0-}\frac{f(a+h)-f(a)}{h}=\alpha$, $\lim_{h \to 0+}\frac{f(a+h)-f(a)}{h}=\beta$
③ $\alpha=\beta$

(3) 미분가능 조건과 연속의 관계

함수 $y=f(x)$가 $x=a$에서 미분가능하면 $y=f(x)$는 $x=a$에서 연속이다.

그러나 그 역이 반드시 성립하는 것은 아니다.

$$\{미분가능한 함수\} \subset \{연속함수\} \subset \{극한값이 존재하는 함수\}$$

(4) 미분이 불가능한 점(그래프 판단)

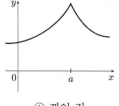
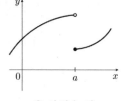
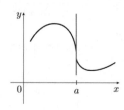

① 꺾인 점   ② 불연속 점   ③ 수직접선

4. 도함수

(1) 정의
일반적으로 함수 $f : X \to \mathbb{R}$이 정의역에 속하는 모든 x에서 미분가능할 때, 정의역의 각 원소 x에 미분계수를 대응시키는 새로운 함수 $f'(x)$를 함수 $y = f(x)$의 도함수라고 한다.

$$f'(x) = \lim_{\Delta x \to 0} \frac{f(x + \Delta x) - f(x)}{\Delta x}$$

(2) 표기

$$f'(x), \quad y', \quad \frac{dy}{dx}, \quad \frac{d}{dx}f(x)$$

(3) 미분법
① $f(x)$에서 $f'(x)$를 구하는 것을 $f(x)$를 x에 대하여 "미분한다"고 한다.

② 그 계산법을 '미분법'이라고 한다.

③ 적용: 함수에서 $f'(a)$의 계산은 먼저 $f'(x)$를 구하고, $x = a$를 대입한다.

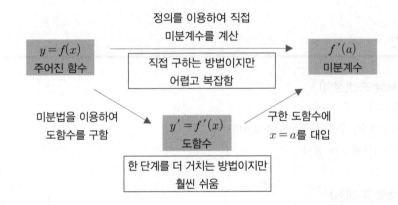

5. 미분법 공식

(1) 미분법에 대한 기본공식

① $f(x) = c$ (c는 상수) $\Rightarrow f'(x) = 0$

② $y = x^n$ (n은 실수) $\Rightarrow y' = nx^{n-1}$

③ $y = cf(x)$ (c는 상수) $\Rightarrow y' = cf'(x)$

④ $y = f(x) \pm g(x) \Rightarrow y' = f'(x) \pm g'(x)$

⑤ $y = f(x)g(x) \Rightarrow y' = f'(x)g(x) + f(x)g'(x)$ (곱의 미분, 라이프니츠의 미분공식)

⑥ $y = \dfrac{f(x)}{g(x)}$ ($g(x) \neq 0$) $\Rightarrow y' = \dfrac{f'(x)g(x) - f(x)g'(x)}{\{g(x)\}^2}$ (분수함수의 미분)

⑦ $y = \dfrac{1}{g(x)} \Rightarrow y' = -\dfrac{g'(x)}{\{g(x)\}^2}$ (분수함수의 미분)

(2) 삼각함수의 미분공식

① $y = \sin x \Rightarrow y' = \cos x$
    ② $y = \cos x \Rightarrow y' = -\sin x$

③ $y = \tan x \Rightarrow y' = \sec^2 x$
    ④ $y = \cot x \Rightarrow y' = -\csc^2 x$

⑤ $y = \sec x \Rightarrow y' = \sec x \tan x$
    ⑥ $y = \csc x \Rightarrow y' = -\csc x \cot x$

(3) 역삼각함수의 미분공식

① $y = \sin^{-1} x \Rightarrow y' = \dfrac{1}{\sqrt{1-x^2}}$
    ② $y = \cos^{-1} x \Rightarrow y' = -\dfrac{1}{\sqrt{1-x^2}}$

③ $y = \tan^{-1} x \Rightarrow y' = \dfrac{1}{1+x^2}$
    ④ $y = \cot^{-1} x \Rightarrow y' = -\dfrac{1}{1+x^2}$

⑤ $y = \sec^{-1} x \Rightarrow y' = \dfrac{1}{|x|\sqrt{x^2-1}}$
    ⑥ $y = \csc^{-1} x \Rightarrow y' = -\dfrac{1}{|x|\sqrt{x^2-1}}$

(4) 지수, 로그함수의 미분공식

① $y = a^x \ (a > 0) \Rightarrow y' = a^x \ln a$
    ② $y = e^x \Rightarrow y' = e^x$

③ $y = \log_a x \Rightarrow y' = \dfrac{1}{x \ln a}$
    ④ $y = \ln x \Rightarrow y' = \dfrac{1}{x}$

(5) 쌍곡선함수의 미분공식

① $y = \sinh x \Rightarrow y' = \cosh x$
    ② $y = \cosh x \Rightarrow y' = \sinh x$

③ $y = \tanh x \Rightarrow y' = \operatorname{sech}^2 x$
    ④ $y = \coth x \Rightarrow y' = -\operatorname{csch}^2 x$

⑤ $y = \operatorname{sech} x \Rightarrow y' = -\operatorname{sech} x \tanh x$
    ⑥ $y = \operatorname{csch} x \Rightarrow y' = -\operatorname{csch} x \coth x$

(6) 역쌍곡선함수의 미분공식

① $y = \sinh^{-1} x \Rightarrow y' = \dfrac{1}{\sqrt{1+x^2}}$
    ② $y = \cosh^{-1} x \Rightarrow y' = \dfrac{1}{\sqrt{x^2-1}}$

③ $y = \tanh^{-1} x \Rightarrow y' = \dfrac{1}{1-x^2},\ (-1 < x < 1)$
    ④ $y = \coth^{-1} x \Rightarrow y' = \dfrac{1}{1-x^2},\ (|x| > 1)$

⑤ $y = \operatorname{sech}^{-1} x \Rightarrow y' = -\dfrac{1}{x\sqrt{1-x^2}}$
    ⑥ $y = \operatorname{csch}^{-1} x \Rightarrow y' = -\dfrac{1}{|x|\sqrt{1+x^2}}$

01

함수 $f(x) = x + x |x|$에 대하여 $f'(0)$의 값은?

① -2 ② -1 ③ 0 ④ 1

공략 포인트

미분계수
$f'(a)$
$= \lim\limits_{h \to 0} \dfrac{f(a+h) - f(a)}{h}$

풀이

$$f'(0) = \lim_{h \to 0} \frac{f(0+h) - f(0)}{h} = \lim_{h \to 0} \frac{h + h|h|}{h} = \lim_{h \to 0} (1 + |h|) = 1$$

정답 ④

02

$f(x) = \begin{cases} x^a \sin\left(\dfrac{1}{x}\right) & (x \neq 0) \\ 0 & (x = 0) \end{cases}$ 이 $x = 0$에서 미분가능하기 위한 a의 조건은?

① $a > 0$ ② $a \geq 0$ ③ $a > 1$ ④ $a \geq 1$

공략 포인트

미분계수
$f'(a)$
$= \lim\limits_{h \to 0} \dfrac{f(a+h) - f(a)}{h}$

풀이

$$f'(0) = \lim_{h \to 0} \frac{f(0+h) - f(0)}{h} = \lim_{h \to 0} \frac{f(h)}{h} = \lim_{h \to 0} \frac{h^a \sin\left(\dfrac{1}{h}\right)}{h} = \lim_{h \to 0} h^{a-1} \sin\left(\frac{1}{h}\right)$$ 이므로

$a - 1 > 0$일 때, $\lim\limits_{h \to 0} h^{a-1} \sin\left(\dfrac{1}{h}\right) = 0$으로 수렴한다.

따라서 $x = 0$에서 $f(x)$가 미분가능할 조건은 $a > 1$이다.

정답 ③

03

$f(x) = |x| + 2024$이고 $g(x) = \dfrac{1}{1+xf(x)}$ 일 때, 도함수 $g'(0)$의 값은?

① 0
② 2024
③ -2024
④ 도함수가 존재하지 않는다.

공략 포인트 🎯

미분계수
$g'(a)$
$= \lim\limits_{h \to 0} \dfrac{g(a+h)-g(a)}{h}$

풀이

$$g'(0) = \lim_{h \to 0} \frac{g(0+h)-g(0)}{h} = \lim_{h \to 0} \frac{\dfrac{1}{1+hf(h)}-1}{h} = \lim_{h \to 0} \frac{\dfrac{1}{1+h(|h|+2024)}-1}{h}$$

$$= \lim_{h \to 0} \frac{1-\{1+h(|h|+2024)\}}{h\{1+h(|h|+2024)\}} = \lim_{h \to 0} \frac{-(|h|+2024)}{1+h(|h|+2024)}$$

$$= -2024$$

정답 ③

04

곡선 $y = \cosh x$ 위에서 접선의 기울기가 1인 점의 좌표는?

① $\left(\sqrt{2},\, \ln(1+\sqrt{2})\right)$
② $\left(\ln(1+\sqrt{2}),\, \sqrt{2}\right)$
③ $\left(1+\sqrt{2},\, \ln(1+\sqrt{2})\right)$
④ $\left(\ln(1+\sqrt{2}),\, 1+\sqrt{2}\right)$

공략 포인트 🎯

쌍곡선함수의 미분공식
$(\cosh x)' = \sinh x$
역쌍곡선함수의 정의
$\sinh^{-1}x = \ln(x+\sqrt{x^2+1})$
쌍곡선함수의 정의
$\cosh x = \dfrac{e^x+e^{-x}}{2}$

풀이

$y' = \sinh x = 1$ ($\because$ 접선의 기울기$=1$)이므로 $x = \sinh^{-1}1 = \ln(1+\sqrt{2})$이다.
또한 $y = \cosh x$ 위의 점이므로

$$y = \cosh(\ln(1+\sqrt{2})) = \frac{e^{\ln(1+\sqrt{2})}+e^{-\ln(1+\sqrt{2})}}{2} = \frac{e^{\ln(1+\sqrt{2})}+e^{\ln(1+\sqrt{2})^{-1}}}{2} = \frac{1+\sqrt{2}+(1+\sqrt{2})^{-1}}{2}$$

$$= \frac{1+\sqrt{2}+\dfrac{1}{1+\sqrt{2}}}{2} = \frac{1+\sqrt{2}+\sqrt{2}-1}{2} = \sqrt{2}$$

그러므로 접선의 기울기가 1인 점의 좌표는 $\left(\ln(1+\sqrt{2}),\, \sqrt{2}\right)$이다.

정답 ②

2 여러 가지 함수의 미분법

1. 합성함수의 미분법

(1) 두 합성함수의 미분

① 두 함수 $y=f(u)$, $u=g(x)$가 미분가능하면 $y=f(g(x))$도 미분가능하며 다음과 같이 미분할 수 있다.

$$y' = \frac{dy}{dx} = \frac{dy}{du}\frac{du}{dx} = f'(u)g'(x) = f'(g(x)) \cdot g'(x)$$

② 합성함수 $y=f(g(x))$의 미분공식

$$y' = f'(g(x)) \cdot g'(x)$$

(2) 세 합성함수의 미분

① 세 함수 $y=f(u)$, $u=g(v)$, $v=h(x)$가 미분가능하면 $y=f(g(h(x)))$도 미분가능하며 다음과 같이 미분할 수 있다.

$$y' = \frac{dy}{dx} = \frac{dy}{du}\frac{du}{dv}\frac{dv}{dx} = f'(u)g'(v)h'(x) = f'(g(h(x)))g'(h(x))h'(x)$$

② 합성함수 $y=f(g(h(x)))$의 미분공식

$$y' = f'(g(h(x)))g'(h(x))h'(x)$$

(3) 합성함수 미분에 대한 관계

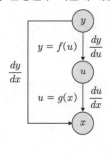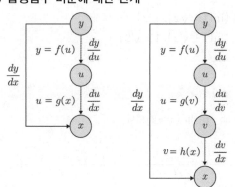

(4) 주요 공식

① $y=f(ax+b) \Rightarrow y'=f'(ax+b) \cdot a$

② $y=\{f(x)\}^n \Rightarrow y'=n\{f(x)\}^{n-1} \cdot f'(x)$

③ $y=\dfrac{1}{f(x)} \Rightarrow y=-\dfrac{1}{\{f(x)\}^2} \cdot f'(x)$

④ $y=\sqrt{f(x)} \Rightarrow y'=\dfrac{1}{2\sqrt{f(x)}} \cdot f'(x)$

⑤ $y=\sin f(x) \Rightarrow y'=\cos f(x) \cdot f'(x)$

⑥ $y=\cos f(x) \Rightarrow y'=-\sin f(x) \cdot f'(x)$

⑦ $y=e^{f(x)} \Rightarrow y'=e^{f(x)} \cdot f'(x)$

⑧ $y=\ln f(x) \Rightarrow y'=\dfrac{1}{f(x)} \cdot f'(x)$

⑨ $y=\sin^{-1}f(x) \Rightarrow y'=\dfrac{1}{\sqrt{1-\{f(x)\}^2}} \cdot f'(x)$

⑩ $y=\tan^{-1}f(x) \Rightarrow y'=\dfrac{1}{1+\{f(x)\}^2} \cdot f'(x)$

2. 음함수, 매개변수함수의 미분법

(1) 음함수의 미분법

① $y=f(x)$와 같이 한 변수가 다른 하나의 변수로 명확하게 나타내어지지 않고, $x^2+y^2=1$과 같이 x와 y사이의 관계로 나타내어지는 함수를 음함수 꼴이라 한다.

② 음함수의 미분공식

$$\frac{d}{dx}y^n = ny^{n-1}\frac{dy}{dx} \text{와} \quad \frac{d}{dx}x^n = nx^{n-1}\text{을 활용}$$

(TIP)▶ 다변수함수를 배우면, 음함수의 미분법은 공식 $\dfrac{dy}{dx} = -\dfrac{f_x}{f_y}$로 쉽게 계산된다.

(2) 매개변수함수의 미분법

$\begin{cases} x=f(t) \\ y=g(t) \end{cases}$ x와 y가 매개변수 t로 된 매개변수함수의 미분공식

$$\frac{dy}{dx} = \frac{\dfrac{dy}{dt}}{\dfrac{dx}{dt}} = \frac{g'(t)}{f'(t)} \quad (\text{단, } f'(t) \neq 0 \text{이다.})$$

(TIP)▶ 양함수 $y=f(x)$ 또는 음함수 $f(x,y)=0$의 그래프로 주어지는 곡선은 이차원 평면상에서의 집합으로 볼 수 있으며, 정적인 의미에서의 곡선으로 이해할 수 있다. 이에 비해 매개화된 곡선은 동점 P가 움직이는 경로 즉, 시각 t에 따라 위치가 변하는 점의 자취를 나타내는 동적인 의미로 해석할 수 있다. 이때 동점 P의 x, y좌표는 매개변수 t의 함수로 표현된다.

3. 역함수, $f(x)^{g(x)}$ 형태의 미분법

(1) 역함수의 미분법

① $y=f(x)$의 역함수 $y=f^{-1}(x)$의 미분공식

$$(f^{-1})'(x) = \frac{1}{f'(y)} \quad (\text{단, } \frac{1}{f'(y)}\text{의 } y\text{의 값은 역함수의 함숫값을 의미한다.})$$

$$= \frac{1}{f'(f^{-1}(x))}$$

② 함수 $y=f(x)$의 도함수와 그 역함수의 도함수 사이의 관계
(단, 미분가능한 함수 $f(x)$의 역함수가 존재하고 미분가능할 때)

$y=f(x)$에서 $x=f^{-1}(y)$이므로, 함수 $f^{-1}(y)$의 도함수는 $\dfrac{dx}{dy}$

함수 $y=f(x)$에서 x의 증분 Δx에 대한 y의 증분을 Δy라고 하면

$$\frac{\Delta y}{\Delta x} = \frac{1}{\dfrac{\Delta x}{\Delta y}} \quad (\Delta y \neq 0)$$

이때 $\Delta x \to 0$이면 $\Delta y \to 0$이므로 다음이 성립한다.

$$\frac{dy}{dx} = \lim_{\Delta x \to 0} \frac{\Delta y}{\Delta x} = \lim_{\Delta x \to 0} \frac{1}{\dfrac{\Delta x}{\Delta y}} = \frac{1}{\lim_{\Delta y \to 0} \dfrac{\Delta x}{\Delta y}} = \frac{1}{\dfrac{dx}{dy}}$$

즉, 미분가능 함수 $y = f(x)$의 역함수가 존재하고 미분가능할 때 다음이 성립한다.

$$\frac{dy}{dx} = \frac{1}{\dfrac{dx}{dy}}$$

(2) $f(x)^{g(x)}$ 형태의 미분법

$y = f(x)^{g(x)}$ 형태일 때의 미분공식

$$y = f(x)^{g(x)} \Leftrightarrow y = e^{\ln f(x)^{g(x)}} \Leftrightarrow y = e^{g(x) \ln f(x)} \text{ 의 형태로 변경 후 미분한다.}$$

TIP ▶ 위의 공식으로 풀거나 양변에 로그를 취하여 $\ln y = \ln f(x)^{g(x)} = g(x) \ln f(x)$ 형태로 변경한 후, 음함수 미분법을 사용한다.

01

$f'(x) = \dfrac{x}{x^2-2}$ 이고 $g(x) = \sqrt{3x+2}$ 일 때, $f(g(x))$ 의 도함수를 구하시오.

① $\dfrac{1}{x}$　　　　② $\dfrac{1}{2x}$　　　　③ $\dfrac{2}{x}$　　　　④ $\dfrac{3}{2\sqrt{3x+2}}$

공략 포인트

합성함수의 미분법
$\{f(g(x))\}'$
$= f'(g(x)) \cdot g'(x)$

풀이

$$\{f(g(x))\}' = f'(g(x)) \cdot g'(x) = \frac{\sqrt{3x+2}}{(\sqrt{3x+2})^2 - 2} \times \frac{3}{2\sqrt{3x+2}} = \frac{3}{2 \times 3x} = \frac{1}{2x}$$

정답 ②

02

음함수 $x\cos y + y\cos x = 1$ 에 대하여 $\dfrac{dy}{dx}$ 를 구하시오.

① $\dfrac{y\sin x}{\cos x - x\sin y}$　　② $\dfrac{\cos y}{\cos x - x\sin y}$　　③ $\dfrac{y\sin x + \cos y}{\cos x + x\sin y}$　　④ $\dfrac{y\sin x - \cos y}{\cos x - x\sin y}$

공략 포인트

음함수의 미분법
$\dfrac{d}{dx}y^n = ny^{n-1}\dfrac{dy}{dx}$ 와
$\dfrac{d}{dx}x^n = nx^{n-1}$ 을 활용

풀이

$$\cos y + y(-\sin x) + x(-\sin y)\frac{dy}{dx} + \frac{dy}{dx}\cos x = 0$$

$$(\cos x - x\sin y)\frac{dy}{dx} = y\sin x - \cos y$$

$$\therefore \frac{dy}{dx} = \frac{y\sin x - \cos y}{\cos x - x\sin y}$$

정답 ④

03

매개방정식 $x = e^{\sqrt{t}}$, $y = t - \ln(t^2)$ 일 때, $t = 1$에서 접선의 기울기를 구하시오.

① $\dfrac{e}{2}$ ② $-\dfrac{e}{2}$ ③ $-\dfrac{2}{e}$ ④ $\dfrac{e}{1 - \ln 1}$

공략 포인트

매개변수함수의 미분법

$$\frac{dy}{dx} = \frac{\dfrac{dy}{dt}}{\dfrac{dx}{dt}}$$

풀이

$\dfrac{dy}{dx} = \dfrac{dy/dt}{dx/dt} = \dfrac{1 - \dfrac{2}{t}}{e^{\sqrt{t}} \times \dfrac{1}{2\sqrt{t}}}$ 이므로 $t = 1$을 대입하면 다음과 같다.

$$\frac{dy}{dx} = \frac{-1}{e \times \dfrac{1}{2}} = -\frac{2}{e}$$

즉, $t = 1$에서 접선의 기울기는 $-\dfrac{2}{e}$ 이다.

정답 ③

04

$f(x) = \dfrac{1}{2}(e^x + e^{-x})\,(x \geq 0)$의 역함수를 $g(x)$라 할 때, $g'(2)$의 값을 구하시오.

① $\dfrac{1}{\sqrt{3}}$ ② $\dfrac{1}{2}(e^2 + e^{-2})$ ③ 1 ④ $\dfrac{1}{\sqrt{5}}$

공략 포인트

역함수의 미분법

$$\frac{d}{dx}\cosh^{-1}x = \frac{1}{\sqrt{x^2 - 1}}$$

풀이

$f(x) = \dfrac{1}{2}(e^x + e^{-x}) = \cosh x$ 이다.

즉, $g(x) = f^{-1}(x) = \cosh^{-1}x$ 이므로 $g'(x) = \dfrac{1}{\sqrt{x^2 - 1}}$ 이다. $(x \geq 1)$

$\therefore\ g'(2) = \dfrac{1}{\sqrt{3}}$

정답 ①

05

$f(x) = x + e^x$일 때, $f(0) = 1$이다. $(f^{-1})'(1)$의 값은?

① $\dfrac{1}{4}$　　　　② $\dfrac{1}{3}$　　　　③ $\dfrac{1}{2}$　　　　④ 1

공략 포인트 ◎

역함수 미분법
$$(f^{-1})'(x) = \frac{1}{f'(f^{-1}(x))}$$

풀이

$f'(x) = 1 + e^x$이고

$(f^{-1})'(1) = \dfrac{1}{f'(f^{-1}(1))} = \dfrac{1}{f'(0)} = \dfrac{1}{1 + e^0} = \dfrac{1}{2}$ 이다.

정답 ③

06

$f(x) = (\sin x)^{\ln x}$일 때, $f'\left(\dfrac{\pi}{2}\right)$의 값을 구하시오.

① $\dfrac{\pi}{2}$　　　　② $-\dfrac{\pi}{4}$　　　　③ 0　　　　④ 1

공략 포인트 ◎

$f(x)^{g(x)}$ 형태의 미분 방법
양변에 로그를 취한 후 미분하여
전개한다.
곱의 미분
$y = f(x)g(x)$이면,
$y' = f'(x)g(x) + f(x)g'(x)$

풀이

주어진 함수의 도함수를 구하기 위해 양변에 자연로그를 취한다.
$\ln f(x) = \ln x \cdot \ln(\sin x)$이고, 양변을 미분하면 다음과 같다.
$$\frac{f'(x)}{f(x)} = \frac{1}{x}\ln(\sin x) + \ln x \cdot \frac{\cos x}{\sin x}$$
$$\therefore f'(x) = f(x) \cdot \left\{ \frac{1}{x}\ln(\sin x) + \ln x \cdot \frac{\cos x}{\sin x} \right\}$$
$$= (\sin x)^{\ln x}\left\{ \frac{1}{x}\ln(\sin x) + \ln x \cdot \frac{\cos x}{\sin x} \right\}$$

따라서 구하고자 하는 값 $f'\left(\dfrac{\pi}{2}\right) = 0$이다.

정답 ③

3 2계 도함수

1. 2계 도함수

(1) 정의

함수 $y = f(x)$가 미분가능하면 그 도함수 $f'(x)$도 함수이다. 그리고 만약 $f'(x)$가 또다시 미분가능하면, 그 도함수 $\{f'(x)\}'$을 생각할 수 있다. 이를 함수 $f(x)$의 2계 도함수라 하고, 다음과 같이 나타낸다.

$$f''(x), \quad y'', \quad \frac{d^2y}{dx^2}, \quad \frac{d^2}{dx^2}f(x)$$

(2) 매개함수의 2계 도함수

1계 도함수 $\dfrac{dy}{dx}$를 t로 미분한 후 $\dfrac{dx}{dt}$의 역수를 곱해준다.

$$\begin{cases} x = f(t) \\ y = g(t) \end{cases} \Rightarrow \frac{d^2y}{dx^2} = \frac{\dfrac{d}{dt}\left(\dfrac{dy}{dx}\right)}{\dfrac{dx}{dt}}$$

(3) 음함수의 2계 도함수

양변을 x에 대하여 미분하고 y'에 대하여 정리한 후 x에 대하여 한 번 더 미분한다.

$$f(x, y) = 0 \Rightarrow \frac{d^2y}{dx^2} = \frac{d}{dx}\left(\frac{dy}{dx}\right)$$

(4) 역함수의 2계 도함수

$y = f^{-1}(x)$이라고 할 때, 역함수의 2계 도함수는 다음과 같다.

$$(f^{-1})''(x) = -\frac{f''(f^{-1}(x))}{\{f'(f^{-1}(x))\}^3}$$

> **TIP** ▶ 2계 도함수는 1계 도함수 f'의 순간변화율을 측정한다. 즉, 변화율의 변화율을 의미한다.
> $f''(a) > 0$: $x = a$ 근방에서 함수 f의 접선의 기울기가 증가한다.
> $f''(a) < 0$: $x = a$ 근방에서 함수 f의 접선의 기울기가 감소한다.

2. n계 도함수

(1) 정의

$y = f(x)$가 x에 관해 n번 미분가능할 때 x에 관하여 n번 미분한 것을 n계 도함수라 하고, 다음과 같이 나타낸다.

$$f^{(n)}(x), \ y^{(n)}, \ \frac{d^n y}{dx^n}, \ \frac{d^n}{dx^n}f(x)$$

(2) n계 미분계수

① $\displaystyle\lim_{h \to 0}\frac{f(a+h)-f(a)}{h}=f'(a)$

② $\displaystyle\lim_{h \to 0}\frac{f(a+2h)-2f(a+h)+f(a)}{h^2}=f''(a)$

③ $\displaystyle\lim_{h \to 0}\frac{f(a+3h)-3f(a+2h)+3f(a+h)-f(a)}{h^3}=f'''(a)$

TIP▶ 다항함수 $f(x)$에서 미분횟수와 최고차항(자연수)과의 관계

다항함수 $f(x)=x^n$, (미분횟수)$=k$ 라 할 때

• $k>n$이면 $f^{(k)}(x)=0$

• $k=n$이면 $f^{(k)}(x)=n!$

01

$x = t - \sin t,\ y = 1 - \cos t$일 때, $t = \pi$에서 $\dfrac{d^2 y}{dx^2}$를 구하시오.

① $-\dfrac{1}{4}$ 　　　② $-\dfrac{1}{2}$ 　　　③ 1 　　　④ $\dfrac{1}{2}$

매개함수의 2계 도함수

$$\dfrac{d^2 y}{dx^2} = \dfrac{\dfrac{d}{dt}\left(\dfrac{dy}{dx}\right)}{\dfrac{dx}{dt}}$$

풀이

$$\dfrac{dy}{dx} = \dfrac{dy/dt}{dx/dt} = \dfrac{\sin t}{1 - \cos t}$$

$$\dfrac{d^2 y}{dx^2} = \dfrac{d}{dt}\left(\dfrac{\sin t}{1 - \cos t}\right) \cdot \dfrac{1}{1 - \cos t} = \dfrac{\cos t(1 - \cos t) - \sin t(\sin t)}{(1 - \cos t)^2} \cdot \dfrac{1}{1 - \cos t}$$

$$= \dfrac{\cos t - (\sin^2 t + \cos^2 t)}{(1 - \cos t)^2} \cdot \dfrac{1}{1 - \cos t} = \dfrac{\cos t - 1}{(1 - \cos t)^2} \cdot \dfrac{1}{1 - \cos t}$$

$$= -\dfrac{1}{(1 - \cos t)^2}$$

$$\left.\dfrac{d^2 y}{dx^2}\right|_{t=\pi} = -\dfrac{1}{4}$$

정답 ①

02

음함수 $x^3 + y^3 = 1$에 대하여 y''을 구하면?

① $-\dfrac{2x}{y^4}$ 　　　② $\dfrac{2x}{y^4}$ 　　　③ $-\dfrac{2x}{y^5}$ 　　　④ $\dfrac{2x}{y^5}$

음함수의 2계 도함수

$$\dfrac{d^2 y}{dx^2} = \dfrac{d}{dx}\left(\dfrac{dy}{dx}\right)$$

풀이

양변을 x에 대하여 미분하면

$$3x^2 + 3y^2 y' = 0$$

$$y' = -\dfrac{x^2}{y^2} \cdots \text{㉠}$$

$$y'' = -\dfrac{2xy^2 - x^2(2y)y'}{y^4} \cdots \text{㉡}$$

㉠을 ㉡에 대입하면 다음과 같다.

$$y'' = -\dfrac{2xy^2 - x^2(2y)\left(-\dfrac{x^2}{y^2}\right)}{y^4} = -\dfrac{2xy^3 + 2x^4}{y^5} = -\dfrac{2x(x^3 + y^3)}{y^5}$$

$x^3 + y^3 = 1$이므로

$$\therefore y'' = -\dfrac{2x}{y^5}$$

정답 ③

03

함수 f가 일대일 대응이고 두 번 미분가능한 함수라 하자. f의 역함수를 g라 할 때

$$g''(x) = \alpha \frac{f''(g(x))}{\{f'(g(x))\}^\beta}$$ 가 성립한다. 이때 $\alpha + \beta$의 값은?

① 1　　　　　② 2　　　　　③ 3　　　　　④ 4

공략 포인트 ◎

역함수의 2계 도함수
$y = f^{-1}(x)$일 때
$$(f^{-1})''(x) = -\frac{f''(f^{-1}(x))}{\{f'(f^{-1}(x))\}^3}$$

풀이

f의 역함수를 g라 할 때 역함수의 미분법에 의하여

$$g''(x) = -\frac{f''(y)}{\{f'(y)\}^3}$$ 이 성립한다.

여기에 $y = g(x)$를 대입하면 $g''(x) = -\dfrac{f''(g(x))}{\{f'(g(x))\}^3}$ 이다.

즉, $\alpha = -1$, $\beta = 3$이므로 구하고자 하는 값 $\alpha + \beta = 2$이다.

정답 ②

04

$y = 3x^3 + 24x^8 + x^{10} - x^{15} + 95x^{94}$의 $y^{(10)}(0)$을 계산하면?

① 2!　　　　　② 3!　　　　　③ 5!　　　　　④ 10!

공략 포인트 ◎

n계 도함수
다항함수 $f(x) = x^n$, (미분횟
수) $= k$라 할 때 $k = n$이면
$$f^{(k)}(x) = n!$$

풀이

$$y^{(10)}(x) = 10! - 15 \times 14 \times \cdots \times x^5 + 95 \times 94 \times \cdots \times x^{84}$$
$$\therefore y^{(10)}(0) = 10!$$

정답 ④

4 뉴턴의 근사 방법과 라이프니츠 법칙

1. 뉴턴의 근사 방법

(1) 활용: 도함수를 이용하여 근(해)을 구하는 방법이다.

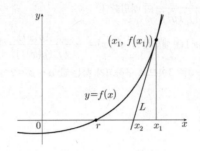

① 장점: 근의 근처에서는 수렴 속도가 매우 빠르다.

② 단점: 0에 가까운 기울기를 가지면(기울기가 작으면) 해를 구하기 힘들며, 처음에 시작점을 잘못 잡으면
근을 찾을 수 없다.

(2) 공식

$$x_{n+1} = x_n - \frac{f(x_n)}{f'(x_n)}$$

2. 라이프니츠 법칙(곱함수의 n계 도함수)

함수 $f(x)$와 $g(x)$가 실수 범위 내에서 정의된 n번 미분가능한 함수라 할 때 $h(x) = f(x)g(x)$라 하면 $h(x)$도 n번
미분가능하다. 이때 다음이 성립한다.

$$h^{(n)}(x) = \sum_{r=0}^{n} \binom{n}{r} f^{(r)}(x) \, g^{(n-r)}(x) = \sum_{r=0}^{n} \binom{n}{r} f^{(n-r)}(x) \, g^{(r)}(x)$$

(단, $\binom{n}{r} = {}_nC_r = \dfrac{n!}{r!(n-r)!}$ 이다.)

01

뉴턴 방법을 사용하여 $x^3 + x + a = 0$의 해를 구하려고 한다. 초기 근삿값 $x_1 = 1$이고

두 번째 근삿값 $x_2 = \dfrac{3}{4}$일 때, a의 값은? (단, a는 상수이다.)

① -2 ② -1 ③ 0 ④ 1

공략 포인트

뉴턴의 근사 방법
$$x_2 = x_1 - \frac{f(x_1)}{f'(x_1)}$$

풀이

$f(x) = x^3 + x + a$라 할 때
뉴턴 방법을 사용하여 다음의 관계식을 얻는다.
$$x_2 = x_1 - \frac{f(x_1)}{f'(x_1)} = 1 - \frac{f(1)}{f'(1)} = \frac{3}{4}$$
여기서 $f'(x) = 3x^2 + 1$이므로 $f(1) = 2 + a$, $f'(1) = 4$를 얻을 수 있다.
$$\frac{3}{4} = 1 - \frac{f(1)}{f'(1)} = 1 - \frac{2+a}{4}$$
$$\therefore \; a = -1$$

정답 ②

02

임의의 자연수 n에 대하여 두 함수 $f(x)$와 $g(x)$는 n번 미분가능하다. 두 함수의 곱 $f(x)g(x)$의

4계 도함수가 $\displaystyle\sum_{r=0}^{4} a_r f^{(4-r)}(x) g^{(r)}(x)$과 같을 때 $\displaystyle\sum_{r=0}^{4} a_r$의 값을 구하면?

① 16 ② 18 ③ 20 ④ 22

공략 포인트

n번 미분가능한 두 함수의 곱의 n계 도함수 문제는 '라이프니츠 법칙'을 이용한다.

풀이

라이프니츠의 곱미분 법칙에 의하여
$$(fg)^{(4)}(x) = {}_4C_0 \, f^{(4)}(x)g^{(0)}(x) + {}_4C_1 f^{(3)}(x)g^{(1)}(x) + {}_4C_2 f^{(2)}(x)g^{(2)}(x) + {}_4C_3 f^{(1)}(x)g^{(3)}(x) + {}_4C_4 f^{(0)}(x)g^{(4)}(x)$$가
성립한다.
$$a_0 = {}_4C_0 = \frac{4!}{0!4!} = 1, \; a_1 = {}_4C_1 = \frac{4!}{1!3!} = 4, \; a_2 = {}_4C_2 = \frac{4!}{2!2!} = 6, \; a_3 = {}_4C_3 = \frac{4!}{3!1!} = 4,$$
$$a_4 = {}_4C_4 = \frac{4!}{4!0!} = 1$$이므로
$$\sum_{r=0}^{4} a_r = a_0 + a_1 + a_2 + a_3 + a_4 = 1 + 4 + 6 + 4 + 1 = 16$$

정답 ①

5 미분법

출제경향 분석

\# 전 범위에 걸쳐 출제되는 미분법 문제를 풀기 위해서는 기본공식 암기가 선행되어야 합니다.

\# 과거에는 단순히 역함수의 미분, 고계 미분에 관한 개념을 독립적으로 묻는 단순한 극한 계산문제가 출제되었으나, 최근에는 극한 계산문제에서 로피탈 정리, 역함수의 이계 미분이 접목된 문제가 출제되고 있습니다.

01 미분계수의 정의

🔍 개념 1. 미분계수와 도함수

미분가능한 함수 $f(x)$가 모든 실수 $x,\ y$에 대하여 $f(x+y)=f(x)+f(y)+xy$를 만족하고 $f'(0)=1$일 때, $f'(2)$의 값을 구하시오.

① 0   ② 1   ③ 2   ④ 3

풀이

STEP A 주어진 조건을 활용하여 구할 수 있는 값 찾기

주어진 식에 $x=0,\ y=0$을 대입하면

$f(0)=f(0)+f(0)$에서 $f(0)=0$

$$f'(0)=\lim_{h\to 0}\frac{f(h)-f(0)}{h}=\lim_{h\to 0}\frac{f(h)}{h}=1$$

STEP B 정의에 따라 나타낸 후 값을 대입하여 구하고자 하는 값을 구하기

$$f'(2)=\lim_{h\to 0}\frac{f(2+h)-f(2)}{h}=\lim_{h\to 0}\frac{f(2)+f(h)+2h-f(2)}{h}$$
$$=\lim_{h\to 0}\frac{f(h)+2h}{h}=\lim_{h\to 0}\frac{f(h)}{h}+2$$
$$=1+2$$
$$=3$$

정답 ④

02
매개변수함수의 미분법

매개함수 $\begin{cases} x(t) = 2t^3 - 9t^2 + 12t \\ y(t) = \dfrac{1}{3}t^3 - 4t + 2 \end{cases}$ 에 대하여 $\lim\limits_{t \to 2} \dfrac{dy}{dx}$ 를 구하면?

① $-\dfrac{2}{3}$ ② $-\dfrac{1}{3}$ ③ $\dfrac{2}{3}$ ④ ∞

풀이

STEP A 두 매개변수함수를 각각 t에 대해서 미분하기

$$\frac{dy}{dt} = t^2 - 4$$

$$\frac{dx}{dt} = 6t^2 - 18t + 12$$

STEP B $\dfrac{dy}{dx}$ 를 구하기 위해 매개변수함수의 미분공식 활용하기

$$\frac{dy}{dx} = \frac{dy/dt}{dx/dt} = \frac{t^2 - 4}{6t^2 - 18t + 12}$$

STEP C 부정형의 극한값을 구해야 하므로 부정이 아닌 꼴로 식을 변형하여 계산하기

$$\lim_{t \to 2} \frac{dy}{dx} = \lim_{t \to 2} \frac{t^2 - 4}{6t^2 - 18t + 12} = \lim_{t \to 2} \frac{(t+2)(t-2)}{6(t-1)(t-2)}$$

$$= \lim_{t \to 2} \frac{t+2}{6(t-1)}$$

$$= \frac{2}{3}$$

정답 ③

03
역함수의 2계 도함수

$f(x) = \sin^{-1} x - \cos^{-1} x$ (단, $0 \leq x \leq 1$)이고 f의 역함수를 g라고 할 때, $g''\left(\dfrac{\pi}{6}\right)$의 값은?

① $-\dfrac{\sqrt{3}}{8}$ ② $-\dfrac{\sqrt{3}}{4}$ ③ $\dfrac{\sqrt{3}}{4}$ ④ $\dfrac{\sqrt{3}}{8}$

풀이

STEP A 역함수의 2계 도함수에 관련한 문제로 공식을 활용하기

$f^{-1} = g$라고 할 때, 역함수의 2계 도함수 미분법에 의하여

$(f^{-1})''(x) = -\dfrac{f''(f^{-1}(x))}{\{f'(f^{-1}(x))\}^3}$ 이 성립한다.

STEP B $f^{-1} = g$이므로 $g''\left(\dfrac{\pi}{6}\right)$를 구하려면 $f(x)$의 함숫값이 $\dfrac{\pi}{6}$가 되는 x값을 찾기

$\sin^{-1} x - \cos^{-1} x = \dfrac{\pi}{6}$에서 $x = \dfrac{\sqrt{3}}{2}$이다. ($\because 0 \leq x \leq 1$)

따라서 구하고자 하는 $g''\left(\dfrac{\pi}{6}\right)$는 다음과 같이 구할 수 있다.

$g''\left(\dfrac{\pi}{6}\right) = -\dfrac{f''\left(\dfrac{\sqrt{3}}{2}\right)}{\left\{f'\left(\dfrac{\sqrt{3}}{2}\right)\right\}^3}$

STEP C 역삼각함수의 미분공식으로 $f'(x)$를, 분수함수의 미분공식으로 $f''(x)$를 구하기

$f'(x) = \dfrac{1}{\sqrt{1-x^2}} + \dfrac{1}{\sqrt{1-x^2}} = \dfrac{2}{\sqrt{1-x^2}}$

$\Rightarrow f'\left(\dfrac{\sqrt{3}}{2}\right) = \dfrac{2}{\sqrt{1-\dfrac{3}{4}}} = \dfrac{2}{\sqrt{\dfrac{1}{4}}} = 4$

$f''(x) = \dfrac{-2 \times \dfrac{-2x}{2\sqrt{1-x^2}}}{1-x^2} = \dfrac{2x}{(1-x^2)\sqrt{1-x^2}}$

$\Rightarrow f''\left(\dfrac{\sqrt{3}}{2}\right) = \dfrac{\sqrt{3}}{\left(1-\dfrac{3}{4}\right) \times \sqrt{1-\dfrac{3}{4}}} = \dfrac{\sqrt{3}}{\dfrac{1}{4} \times \dfrac{1}{2}} = 8\sqrt{3}$

STEP D 주어진 조건을 대입하여 구하고자 하는 $g''\left(\dfrac{\pi}{6}\right)$를 구하기

$g''\left(\dfrac{\pi}{6}\right) = -\dfrac{f''\left(\dfrac{\sqrt{3}}{2}\right)}{\left\{f'\left(\dfrac{\sqrt{3}}{2}\right)\right\}^3} = -\dfrac{8\sqrt{3}}{4^3} = -\dfrac{\sqrt{3}}{8}$

정답 ①

04
뉴턴의 근사 방법

$f(x) = x + \cos x$ 일 때, 뉴턴의 방법으로 $x_1 = \pi$를 이용하여 $f(x) = 0$의 두 번째 근삿값 x_2를 구하면?

① 1　　　　　　　② π　　　　　　　③ $\pi - 1$　　　　　　　④ $2\pi - 1$

풀이

STEP A　뉴턴의 방법으로 근삿값을 구하고자 공식을 활용하기

$$x_{n+1} = x_n - \frac{f(x_n)}{f'(x_n)}$$

구하고자 하는 두 번째 근삿값 $x_2 = x_1 - \dfrac{f(x_1)}{f'(x_1)}$ 이다.

STEP B　$f'(x)$를 구하기 위해 삼각함수 미분공식을 활용하기

$f'(x) = 1 - \sin x$

STEP C　식을 대입한 후 $x_1 = \pi$를 이용하여 x_2를 구하기

$$\begin{aligned}
\therefore x_2 &= x_1 - \frac{f(x_1)}{f'(x_1)} \\
&= x_1 - \left. \frac{x_1 + \cos x_1}{1 - \sin x_1} \right|_{x_1 = \pi} \\
&= \pi - (\pi - 1) \\
&= 1
\end{aligned}$$

정답 ①

6 미분법

🔍 정답 및 풀이 p.169

01 다음 함수 $f(x)$에 대하여 $x=0$인 점에서의 연속성과 미분가능성에 대하여 옳게 기술한 것을 고르면?

$$f(x) = \begin{cases} x^{\frac{2}{3}} \sin \dfrac{1}{x} & (x \neq 0 \text{ 일 때}) \\ 0 & (x = 0 \text{ 일 때}) \end{cases}$$

① 연속이고, 미분가능하다.
② 연속이지만, 미분가능하지 않다.
③ 연속은 아니지만, 미분가능하다.
④ 연속도 아니고, 미분가능하지도 않다.

02 함수 $y = \sinh^{-1} x$의 도함수와 같은 것은?

① $\sin(\tan^{-1} x)$ ② $\cos(\tan^{-1} x)$ ③ $\dfrac{1}{\sqrt{1-x^2}}$ ④ $\dfrac{1}{\sqrt{x^2-1}}$

03 $f(x) = \sinh^{-1}(2\tan x)$일 때, $f'\left(\dfrac{\pi}{3}\right)$는?

① $\dfrac{6}{\sqrt{13}}$ ② $\dfrac{7}{\sqrt{13}}$ ③ $\dfrac{8}{\sqrt{13}}$ ④ $\dfrac{9}{\sqrt{13}}$

04 함수 $f(x) = \sin^{-1}\left(\dfrac{x-1}{x+1}\right) \ (x \geq 0)$와 함수 $g(x) = 2\tan^{-1}\sqrt{x} \ (x \geq 0)$에 대하여 $g(x) - f(x)$와 같은 것은?

① $-\dfrac{\pi(x-1)}{2(x+1)}$ ② $-\dfrac{\pi(x+1)}{2(x-1)}$ ③ $\dfrac{\pi}{2}$ ④ $-\dfrac{\pi(x-1)^2}{2(x+1)^2}$

05 함수 $f(x) = 1 + x + x^2 + \cdots + x^{100}$에 대하여, $\dfrac{f'(2)}{f(2)}$에 가장 가까운 자연수는?

① 49   ② 50   ③ 51   ④ 52

06 곡선 $\ln(x^2 + y^2) - xy^2 = 0$ 위의 점 $(0, 1)$에서 접선의 기울기는?

① $-\dfrac{3}{2}$ ② $-\dfrac{1}{2}$ ③ 0 ④ $\dfrac{1}{2}$

07 $y=\sin\left(e^{x}\cos x\right)$일 때, $x=0$에서 $\dfrac{dy}{dx}$의 값은?

① $\sin 1$ ② $\cos 1$ ③ $-\sin 1$ ④ $-\cos 1$

08 곡선 $y+2\cosh(xy)-2x\cos(x-1)=0$ 위의 점 $(1,0)$에서 이 곡선에 접하는 직선의 기울기는?

① 0 ② 1 ③ 2 ④ 3

09 미분가능한 함수 $f(x)$에 대하여 $f(1)=1$, $f'(1)=2$일 때, 함수 $y=\left\{x^2 f(x)\right\}^2$의 $x=1$에서의 미분계수는?

① 8 ② 10 ③ 12 ④ 14

10 함수 $f(x) = \dfrac{(x-1)^2 \sqrt{x+1}}{\tan^{-1}(x+1)}$ 에 대해여 $g(x) = \dfrac{f'(x)}{f(x)}$ 일 때, $g(0)$의 값은?

① $-\dfrac{3}{2} - \dfrac{2}{\pi}$ 　　　② $\dfrac{3}{2} + \dfrac{2}{\pi}$ 　　　③ $-\dfrac{3}{2} + \dfrac{2}{\pi}$ 　　　④ $\dfrac{3}{2} - \dfrac{2}{\pi}$

11 모든 실수 x에서 미분가능한 함수 $f(x)$가 $f'(2) = 6$, $f(x) = f(3x-1)$을 만족시킬 때, $f'(14)$의 값은?

① -2 　　　② -1 　　　③ 1 　　　④ $\dfrac{2}{3}$

12 함수 $f(x) = x^{x+1} \ (x > 0)$에 대하여 $f'(1)$의 값은?

① 1 　　　② 2 　　　③ 3 　　　④ 4

13 적당한 상수 a, b에 대하여 함수 $f(x) = a\sin x + b\cos x$가 $f\left(\dfrac{\pi}{4}\right) = 3$과 $f'\left(\dfrac{\pi}{4}\right) = 1$을 만족할 때, $x = \dfrac{3}{4}\pi$에서 $f(x)$의 접선의 기울기를 구하시오.

① 2   ② -1 ③ 1   ④ -3

14 $x^2(1+y) = y(1+x^2)$일때, $\dfrac{dy}{dx}$는?

① $2x$ ② $-\dfrac{4x}{(1+x^2)^2}$ ③ $-\dfrac{4x^2}{(1+x^2)^2}$ ④ $-\dfrac{2x}{(1+x)^2}$

15 실수 전체에서 정의된 함수 f가 $f(1) = 2$, $f'(1) = -1$, $g(1) = \dfrac{\pi}{2}$, $g'(1) = 1$일 때, $F'(1)$의 값은?

(여기서 $F(x) = f(x)\cos(g(x))$이다.)

① -2 ② -1 ③ 1   ④ 2

16 점 $x = \tan\left(\sin^{-1}\left(\dfrac{\sqrt{3}}{2}\right)\right)$에서 함수 $f(x) = \cos\left(\tan^{-1}x\right)$의 미분계수는?

① $-\dfrac{8}{\sqrt{3}}$ ② $-\dfrac{\sqrt{3}}{8}$ ③ $-\dfrac{6}{\sqrt{3}}$ ④ $-\dfrac{\sqrt{3}}{6}$

17 함수 $f(x)$는 $x = 0$에서 미분가능하며 모든 실수 $x,\ y$에 대하여 $f(x+y) = f(x) + f(y) - 1$, $f'(0) = 1$ 을 만족할 때, $f'(x)$의 값은?

① 0 ② 1 ③ $2f(x)$ ④ $f(x) - 1$

18 $y = \dfrac{x^{\frac{3}{4}}\sqrt{x^2+1}}{(3x+2)^5}$, $x > 0$일 때 $\dfrac{dy}{dx}$를 구하면?

① $\dfrac{x^{\frac{3}{4}}\sqrt{x^2+1}}{(3x+2)^5}\left(\dfrac{3}{4x} + \dfrac{x}{2x^2+2} - \dfrac{15}{3x+2}\right)$

② $\dfrac{x^{\frac{3}{4}}\sqrt{x^2+1}}{(3x+2)^5}\left(\dfrac{3}{4x} + \dfrac{x}{x^2+1} - \dfrac{5}{3x+2}\right)$

③ $\dfrac{x^{\frac{3}{4}}\sqrt{x^2+1}}{(3x+2)^5}\left(\dfrac{3}{4x} + \dfrac{x}{x^2+1} - \dfrac{15}{3x+2}\right)$

④ $\dfrac{x^{\frac{3}{4}}\sqrt{x^2+1}}{(3x+2)^5}\left(\dfrac{3}{4x} + \dfrac{x}{2x^2+2} - \dfrac{5}{3x+2}\right)$

19 2 이상의 자연수 n에 대하여 $f(x) = \begin{cases} x^n \cos\dfrac{1}{x} & (x \neq 0) \\ 0 & (x = 0) \end{cases}$ 일 때, 옳은 것만을 보기에서 있는 대로 고른 것은?

| 보 기 |

ㄱ. $f(x)$는 모든 실수 x에 대하여 연속인 함수이다.

ㄴ. $f'(0) = 0$

ㄷ. $f'(x)$는 모든 실수 x에 대하여 연속인 함수이다.

---

① ㄱ   ② ㄱ, ㄴ   ③ ㄴ, ㄷ   ④ ㄱ, ㄴ, ㄷ

20 함수 $f(x) = \sinh x \cosh x$의 역함수를 $g(x)$라고 할 때, $g'\left(\dfrac{15}{16}\right)$의 값은?

① $\dfrac{8}{17}$ ② $\dfrac{8}{15}$ ③ $\dfrac{32}{17}$ ④ $\dfrac{32}{15}$

21 단조 증가함수 $f(x)$와 그 역함수 $f^{-1}(x)$의 교점이 존재한다. 이 교점의 x좌표를 a라 하면 $f'(a) \times (f^{-1})'(a)$의 값은?

① -1 ② 1 ③ 0 ④ 3

22 다항식 $x^{20}+1$을 $(x-1)^2$으로 나누었을 때의 나머지를 $R(x)$라 할 때, $R(2)$의 값을 구하면?

① 22   ② 23   ③ 24   ④ 25

23 함수 $f(x)=(\text{arc}\cot x)^x$에 대해 $\dfrac{f'(\sqrt{3})}{f(\sqrt{3})}$의 값은?

① $\ln\left(\dfrac{\pi}{6}\right)-\dfrac{3\sqrt{3}}{2\pi}$ ② $\ln\left(\dfrac{\pi}{6}\right)-\dfrac{2\sqrt{3}}{3\pi}$ ③ $\ln\left(\dfrac{\pi}{3}\right)-\dfrac{3\sqrt{3}}{2\pi}$ ④ $\ln\left(\dfrac{\pi}{3}\right)-\dfrac{2\sqrt{3}}{3\pi}$

24 매개곡선 $x=\sec t,\ y=\tan t$에 대하여 $t=\dfrac{\pi}{3}$일 때, $\dfrac{d^2y}{dx^2}$의 값은?

① $-\dfrac{1}{3\sqrt{3}}$ ② $-\dfrac{2}{3}$ ③ $-\dfrac{1}{3}$ ④ $\dfrac{2}{3}$

25 $f(x) = e^{6x} + \ln 5x$의 역함수를 $g(x)$라고 하자. 이때, $g''(e^6 + \ln 5)$의 값을 구하시오.

① $\dfrac{36e^6 - 1}{(6e^6 + 1)^3}$ 　　② $\dfrac{6e^6 + 1}{(6e^6 + 1)^2}$ 　　③ $-\dfrac{36e^6 - 1}{(6e^6 + 1)^3}$ 　　④ $\dfrac{1 - 6e^6}{(6e^6 + 1)^2}$

26 양의 실수 x와 y가 관계식 $x^2 + 3xy + y^2 = 5$를 만족할 때, 이계도함수 $\left. \dfrac{d^2y}{dx^2} \right|_{x=1}$의 값은?

① $\dfrac{1}{5}$ 　　② $\dfrac{2}{5}$ 　　③ $\dfrac{3}{5}$ 　　④ $\dfrac{4}{5}$

27 매개변수 곡선 $\begin{cases} x = \sec t \\ y = \cos 2t \end{cases}$ (단, $0 \le t \le \pi$) 위의 점 $(-\sqrt{2}, 0)$에서 $\dfrac{d^2y}{dx^2}$의 값은?

① -3 　　② -1 　　③ 1 　　④ 3

28 뉴턴의 방법을 이용하여 $x^3+3x^2-3=0$의 근사해를 구하고자 한다. 첫 번째 근사해 $x_1=1$을 선택하였을 때,

두 번째 근사해는 $x_2=\dfrac{a}{b}$이다. 이때 $a+b$의 값은? (단, a와 b는 서로소이다.)

① 15   ② 16   ③ 17   ④ 18

29 실수 t에 대하여 함수 $f(x)=|x^2+tx|$의 미분가능하지 않은 점의 개수를 $g(t)$라고 할 때,

$g(-1)+g(0)+\lim\limits_{t\to 0+}g(t)$의 값은?

① 2   ② 3   ③ 4   ④ 5

30 집합 I에서 두 함수 f와 g의 n계 도함수가 존재할 때 다음 식의 값을 구하면?

$$(fg)^{(n)}(x)-\sum_{r=1}^{n}\frac{n!}{(n-r)!\,r!}f^{(n-r)}(x)g^{(r)}(x),\ x\in I$$

① 0   ② $f^{(n)}(x)g(x)$ ③ $f(x)g^{(n)}(x)$ ④ 1

04

미분의 응용 (1)

🎯 출제 비중 & 빈출 키워드 리포트

단원	출제 비중	✔합계 29%	빈출 키워드
1. 접선과 법선의 방정식		6%	· 접선의 방정식
2. 평균값 정리		2%	· 법선의 방정식
3. 로피탈 정리		8%	· 평균값 정리와 그 따름 정리
4. 테일러 급수와 매클로린 급수		11%	· 로피탈 정리 적용
5. 근삿값과 오차		2%	· 매클로린 급수 공식
			· 선형 근사식

접선과 법선의 방정식

1. 접선의 방정식

(1) 접선은 곡선 위의 한 점에서 곡선에 접하는 직선이다. 따라서 함수 $f(x)$가 $x=a$에서 미분가능할 때, 곡선 $y=f(x)$ 위의 점 $P(a,\ f(a))$에서의 접선의 기울기는 $f'(a)$이므로 접선의 방정식은 다음과 같다.

$$y-f(a)=f'(a)(x-a)$$

(2) 그래프

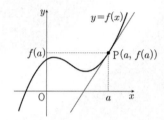

(3) 예시

곡선 $y=x\ln x-x$ 위의 점 $(e,\ 0)$에서의 접선의 방정식은 다음과 같다.

기울기는 $\dfrac{dy}{dx}=\ln x+1-1=\ln x$에서 $\dfrac{dy}{dx}\Big|_{x=e}=\ln e=1$이므로 접선의 방정식은 $y-0=1(x-e)$

즉, $y=x-e$이다.

2. 법선의 방정식

(1) 점 $P(a,\ f(a))$를 지나며 접선에 수직인 직선을 법선이라 하며 법선의 방정식은 다음과 같다.

$$y-f(a)=-\frac{1}{f'(a)}(x-a)$$

TIP▶ 접선의 기울기와 법선의 기울기의 곱은 -1 이다.

(2) 예시

곡선 $y=x\ln x-x$ 위의 점 $(e,\ 0)$에서의 법선의 방정식은 다음과 같다.

$y=-x+e$ (∵ 기울기$=-1$, 점 $(e,\ 0)$을 지나는 직선)

TIP▶ ① 점 $(a,\ b)$를 지나고 기울기가 m인 직선의 방정식은 $y-b=m(x-a)$이다.
② 접선은 직선을 나타내고, 직선은 기울기와 한 점만 주어지면 구할 수 있다.
③ 접선의 방정식과 관련하여 접선을 구하는 내용은 다음의 3가지 형태로 출제된다.
  • 접점이 주어진 경우
  • 기울기가 주어진 경우
  • 곡선 밖의 점이 주어진 경우

3. 두 곡선이 이루는 각

(1) 두 곡선 $y = f(x)$와 $y = g(x)$의 교점 P에서 접선의 기울기를 각각 $\tan\alpha$, $\tan\beta$라 하면 두 곡선이 이루는 각 $\theta = \alpha - \beta$는 다음과 같이 구할 수 있다.

$$\tan(\alpha - \beta) = \frac{\tan\alpha - \tan\beta}{1 + \tan\alpha\tan\beta}$$

(2) 두 곡선이 이루는 각의 그래프

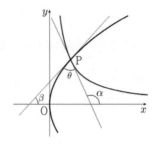

4. 두 곡선이 공통접선을 가질 조건

두 곡선 $y = f(x)$, $y = g(x)$가 있을 때 다음이 성립한다.

(1) 점 (α, β)에서 접할 조건
　① $f(\alpha) = g(\alpha) = \beta$
　② $f'(\alpha) = g'(\alpha)$

(2) 점 (α, β)에서 직교할 조건
　① $f(\alpha) = g(\alpha) = \beta$
　② $f'(\alpha) \times g'(\alpha) = -1$

5. 수평접선과 수직접선

(1) $\dfrac{dy}{dx} = \dfrac{\triangle}{\square}$ ($\square \neq 0, \triangle = 0$)인 점들을 구함으로써 수평접선의 위치를 구할 수 있다.

(2) $\dfrac{dy}{dx} = \dfrac{\triangle}{\square}$ ($\triangle \neq 0, \square = 0$)인 점들을 구함으로써 수직접선의 위치를 구할 수 있다.

(3) $x = a$에서 $\square = 0$, $\triangle = 0$인 경우

　① 수평접선: $\displaystyle\lim_{x \to a} \frac{dy}{dx} = 0$

　② 수직접선: $\displaystyle\lim_{x \to a} \frac{dy}{dx} = \pm\infty$

01

주어진 그래프 $y=\sqrt{1+4\sin x}$ 에 대하여 $(0,1)$에서의 접선의 방정식을 구하시오.

① $y=x-1$ ② $y=x+1$ ③ $y=2x-1$ ④ $y=2x+1$

공략 포인트

접선의 방정식은 접선의 기울기와 지나는 한 점만 알면 구할 수 있다.

풀이

지나는 한 점은 $(0,1)$이므로 접선의 기울기를 구하면 접선의 방정식을 구할 수 있다.

$$y'=\frac{4\cos x}{2\sqrt{1+4\sin x}}=\frac{2\cos x}{\sqrt{1+4\sin x}}\Big|_{x=0}=2$$

따라서 접선의 방정식은 다음과 같다.

$$y-1=2(x-0)\Leftrightarrow y=2x+1$$

정답 ④

02

곡선 $y=\tan^{-1}(3x)$ 위의 x좌표가 $\frac{\sqrt3}{3}$인 점에서의 법선의 방정식은? (단, $|y|<\frac{\pi}{2}$이다.)

① $\frac43 x+y-\frac\pi3-\frac{4\sqrt3}{9}=0$ ② $-\frac43 x+y-\frac\pi3+\frac{4\sqrt3}{9}=0$

③ $\frac34 x+y-\frac\pi3-\frac{\sqrt3}{4}=0$ ④ $-\frac34 x+y-\frac\pi3+\frac{\sqrt3}{4}=0$

공략 포인트

법선의 방정식은 법선의 기울기와 지나는 한점을 알면 구할 수 있다. 이때, 법선의 기울기와 직선의 기울기의 곱이 -1임을 이용한다.

풀이

곡선 위 $x=\frac{\sqrt3}{3}$일 때 $y=\tan^{-1}(\sqrt3)=\frac\pi3$이다.

그리고 $y'=\frac{3}{1+(3x)^2}$이므로 $x=\frac{\sqrt3}{3}$에서 접선의 기울기는 $\frac{3}{1+(3x)^2}\Big|_{x=\frac{\sqrt3}{3}}=\frac34$이다.

그러므로 법선의 기울기는 $-\frac43$이다. ($\because$ 접선의 기울기$\times$법선의 기울기$=-1$)

따라서 점 $\left(\frac{\sqrt3}{3},\frac\pi3\right)$에서의 법선의 방정식은 $y-\frac\pi3=-\frac43\left(x-\frac{\sqrt3}{3}\right)$이다.

즉, $\frac43 x+y-\frac\pi3-\frac{4\sqrt3}{9}=0$

정답 ①

03

포물선 $y = x^2$과 포물선 $y = x^2 - x + 1$의 교각을 θ라고 할 때, $\tan\theta$의 값을 구하시오.

① $\dfrac{1}{3}$ ② $\dfrac{1}{2}$ ③ 1   ④ 2

공략 포인트 🎯

두 곡선이 이루는 각

$\tan(\alpha - \beta) = \dfrac{\tan\alpha - \tan\beta}{1 + \tan\alpha\tan\beta}$

풀이

교점을 α라고 할 때, 곡선과 곡선이 이루는 사잇각은 α에서 두 접선이 이루는 예각을 말한다.

$y = x^2$과 $y = x^2 - x + 1$의 교점과 각각의 접선 기울기를 구하면 다음과 같다.

(i) 교점: $x^2 = x^2 - x + 1 \Leftrightarrow x = 1$

(ii) $y = x^2$에서의 접선의 기울기: $y' = 2x\big|_{x=1} = 2$

     $y = x^2 - x + 1$에서의 접선의 기울기: $y' = 2x - 1\big|_{x=1} = 1$

이제 두 접선이 이루는 사잇각을 구해보면 다음과 같다.

$\tan\theta = \dfrac{2-1}{1 + 2 \times 1} = \dfrac{1}{3}$

정답 ①

04

두 곡선 $y = a + \cos x$, $y = \sin^2 x$가 $x = t$ $(0 < t < \pi)$에서 공통인 접선을 가질 때, 상수 a의 값은?

① $-\dfrac{5}{4}$ ② -1 ③ 0   ④ $\dfrac{5}{4}$

공략 포인트 🎯

두 곡선이 공통접선을 가질 조건

(i) $f(t) = g(t)$

(ii) $f'(t) = g'(t)$

풀이

두 곡선이 $x = t$에서 공통접선을 가지므로

(i) $f(t) = g(t)$

    $a + \cos t = \sin^2 t$

    $\therefore a = \sin^2 t - \cos t$

(ii) $f'(t) = g'(t)$

    $-\sin t = 2\sin t \cos t$

    $\sin t (1 + 2\cos t) = 0$

    $\therefore \cos t = -\dfrac{1}{2}$ $(\because 0 < t < \pi)$

$a = \sin^2 t - \cos t = 1 - \cos^2 t - \cos t$ $(\because \sin^2 t = 1 - \cos^2 t)$

   $= 1 - \left(-\dfrac{1}{2}\right)^2 - \left(-\dfrac{1}{2}\right) = \dfrac{5}{4}$

정답 ④

05

함수 $f(x) = \dfrac{\sec x}{1 + \tan x}$ 의 그래프에서 x축과 평행인 접선을 가지는 x의 값을 구하면?

① 0   ② $\dfrac{2\pi}{3}$ ③ π ④ $\dfrac{5\pi}{4}$

공략 포인트

x축과 평행한 접선의 기울기는 0이다.

풀이

x축과 평행한 접선이므로 기울기는 0이 된다.

$$f'(x) = \frac{\sec x \tan x (1 + \tan x) - \sec x (\sec^2 x)}{(1 + \tan x)^2}$$

$$= \frac{\sec x (\tan x + \tan^2 x - \sec^2 x)}{(1 + \tan x)^2}$$

$$= \frac{\sec x (\tan x - 1)}{(1 + \tan x)^2} = 0 을 \ 만족하는 \ x의 \ 값을 \ 구한다.$$

$\sec x = 0$을 만족하는 값은 존재하지 않으므로,

$\tan x = 1$을 만족하게 하는 x의 값을 구하면 $x = \dfrac{\pi}{4},\ \dfrac{5\pi}{4}$ 이다.

정답 ④

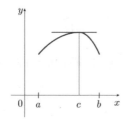
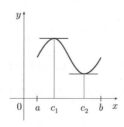

2 평균값 정리

1. 롤의 정리

(1) 함수 $f(x)$가 폐구간 $[a,\ b]$에서 연속이고 $f(a)=f(b)$이면, 구간 내의 점에서 최댓값 또는 최솟값을 가진다. 특히, 개구간 $(a,\ b)$에서 미분가능하면 최댓값 또는 최솟값을 가지는 점에서의 미분계수는 0이어야 한다. 이것을 롤의 정리라고 하며, 다음과 같이 정리할 수 있다.

함수 $f(x)$가 폐구간 $[a, b]$에서 연속이고 개구간 (a, b)에서 미분가능할 때,

$f(a)=f(b)$이면 $f'(c)=0\ (a<c<b)$을 만족하는 $c\in(a, b)$가 적어도 하나 존재한다.

(2) 기하학적 의미

$[a, b]$에서 정의된 함수 미분가능한 함수 $f(x)$에 대하여 $f(a)=f(b)$이면 구간 (a, b)안에 x축과 평행인 접선이 적어도 하나 존재한다.

(3) 예시

함수 $f(x)=\sqrt{x}-\dfrac{x}{3}$에 대하여 구간 $[0, 9]$에서 롤의 정리를 만족하는 점의 x좌표는 다음과 같이 구할 수 있다.

$f(x)$는 폐구간 $[0, 9]$에서 연속이고 개구간 $(0, 9)$에서 미분가능하며, $f(0)=f(9)$이므로 $f'(c)=0$을 만족하는 c가 구간 $(0, 9)$에 존재한다. 즉, $f'(c)=\dfrac{1}{2\sqrt{c}}-\dfrac{1}{3}=0$에서 $c=\dfrac{9}{4}$이다.

2. 평균값 정리

(1) 함수 $f(x)$가 폐구간 $[a,\ b]$에서 연속이고 개구간 $(a,\ b)$에서 미분가능할 때,

함수 $h(x)=f(x)-\left\{\dfrac{f(b)-f(a)}{b-a}(x-a)+f(a)\right\}$에 롤의 정리를 적용시키면 다음과 같은 평균값 정리를 얻게 된다.

함수 $f(x)$가 폐구간 $[a, b]$에서 연속이고 개구간 (a, b)에서 미분가능할 때,

$\dfrac{f(b)-f(a)}{b-a}=f'(c)\ (a<c<b)$를 만족하는 $c\in(a, b)$가 적어도 하나 존재한다.

(2) 기하학적 의미

개구간 $(a,\ b)$ 안에 어떤 점 c가 있어서 점 $(c,\ f(c))$에서의 접선의 기울기가 두 점 $(a,\ f(a))$, $(b,\ f(b))$를 잇는 직선의 기울기와 같다.

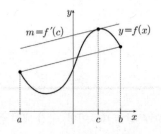

(3) 예시

구간 $(2,\ e^2+1)$에서 미분가능한 함수 $f(x)=\ln(x-1)$에 대하여 평균값의 정리를 만족하는 점 c를 구하면 다음과 같다.

$f'(x)=\dfrac{1}{x-1}$이므로

$$\dfrac{f(e^2+1)-f(2)}{(e^2+1)-(2)}=\dfrac{1}{c-1} \iff \dfrac{2}{e^2-1}=\dfrac{1}{c-1} \iff c-1=\dfrac{e^2-1}{2} \iff c=\dfrac{e^2+1}{2}\ \text{이다}.$$

(4) 증명

오른쪽 그림에서 두 점 A, B를 지나는 할선 $g(x)=f(a)+\dfrac{f(b)-f(a)}{b-a}(x-a)$이다.

$f(x)-g(x)=h(x)$라 하면 $h(x)=f(x)-\left\{\dfrac{f(b)-f(a)}{b-a}(x-a)+f(a)\right\}$이다.

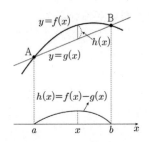

연속함수의 성질에 의해 이 함수는 구간 $[a,b]$에서 연속이고, (a,b)에서 미분가능하다.

또, $h(a)=h(b)=0$이므로 롤의 정리 조건을 만족한다.

따라서 $h'(c)=0$을 만족하는 $c\in(a,b)$가 존재한다.

$h'(x)=f'(x)-\dfrac{f(b)-f(a)}{b-a}$이므로

$h'(c)=f'(c)-\dfrac{f(b)-f(a)}{b-a}=0$에서 $f'(c)=\dfrac{f(b)-f(a)}{b-a}$가 성립한다.

TIP ▶ 평균값의 정리에서 $f(a)=f(b)$인 경우가 롤의 정리이다. 그러므로 평균값 정리는 '롤의 정리'의 일반화이다.

3. 평균값 정리의 따름 정리

평균값 정리의 요점은 x값의 차와 이에 대응되는 함숫값의 차가 나타내는 관계이다. 평균값 정리의 식 양변에 $b-a$를 곱하여 정리하면 $f(b)-f(a)=f'(a)(x-a)$를 얻는다. 여기서 비롯되는 **평균값 정리의 따름 정리**는 다음과 같다.

함수 $f(x)$가 구간 $(a,\ b)$안의 모든 x에 대하여 $f'(x)=0$이면 구간 $(a,\ b)$에서 함수 $f(x)$는 상수함수이다.

01

구간 $0 \leq x \leq 10$에서 미분가능한 함수 $f(x) = x + \sin(\pi x)$의 평균 변화율과

$f'(c) \,(0 < c < 10)$가 같아지는 점 c의 개수는?

① 0   ② 5   ③ 10   ④ 20

공략 포인트

평균값 정리
함수 $f(x)$가 폐구간 $[a, b]$에서 연속이고, 개구간 (a, b)에서 미분가능할 때,
$$\frac{f(b) - f(a)}{b - a} = f'(c)$$
$(a < c < b)$를 만족하는 $c \in (a, b)$가 적어도 하나 존재한다.

풀이

$0 \leq x \leq 10$에서 함수 $f(x)$가 미분가능하므로 평균값 정리에 의하여
$$\frac{f(10) - f(0)}{10 - 0} = f'(c), \ c \in [0, 10] \text{ 가 성립한다.}$$

$f'(x) = 1 + \pi \cos \pi x$이므로 $\dfrac{10 + \sin 10\pi}{10} = 1 + \pi \cos \pi c$

$\cos \pi c = 0$인 c를 찾으면 $c = \dfrac{2n-1}{2} \,(1 \leq n \leq 10$인 자연수)이므로

c의 개수는 10개다. ($\because 0 < c < 10$)

정답 ③

02

구간 $[1, 3]$에서 연속이고 미분가능한 함수 f에 대하여 $f(1) = 2$이고 $f'(x) \leq 3$을 만족할 때,

$f(3)$의 최댓값은?

① 2   ② 5   ③ 8   ④ 11

공략 포인트

'폐구간에서 연속이고, 개구간에서 미분가능' 문제 조건에서 평균값 정리를 적용해 풀 수 있다.

풀이

함수 $f(x)$가 구간 $[1, 3]$에서 연속이고 $(1, 3)$에서 미분가능하므로 평균값 정리가 성립한다.

즉, $\dfrac{f(3) - f(1)}{3 - 1} = f'(c), \ c \in (1, 3)$

$\dfrac{f(3) - 2}{2} = f'(c) \leq 3$

$\therefore f(3) = 2f'(c) + 2 \leq 8$이다.

즉, $f(3)$의 최댓값은 8이다.

정답 ③

03

미분가능한 함수 $f(x)$가 $\lim\limits_{x \to \infty} f'(x) = 3$을 만족할 때, $\lim\limits_{x \to \infty} \{f(1+x) - f(x)\}$의 값은?

① 6   ② 3   ③ -3 ④ -6

공략 포인트

미분가능한 함수 $f(x)$라는 조건에서 구간에 따른 평균값 정리를 활용한다.

풀이

구간 $(x, x+1)$에서 함수 $f(x)$가 미분가능하고 $[x, x+1]$에서 연속이므로 평균값 정리가 성립한다.

즉, $\dfrac{f(1+x) - f(x)}{(1+x) - x} = f'(c)$, $c \in (x, x+1)$

$f(1+x) - f(x) = f'(c)$가 성립한다.

$c \in (x, x+1) \Leftrightarrow x \leq c \leq x+1$이므로 $x \to \infty$일 때, $c \to \infty$이다.

그러므로 $\lim\limits_{c \to \infty} \{f(1+x) - f(x)\} = \lim\limits_{c \to \infty} f'(c) = 3$이다.

정답 ②

04

다음 조건을 만족하는 미분가능한 함수 $f(x)$에 대하여 $f(3)$의 최솟값은?

ㄱ. $f(1) = 5$

ㄴ. 모든 실수 x에 대하여 $f'(x) \geq 2$이다.

① 6   ② 7   ③ 8   ④ 9

공략 포인트

미분가능한 함수 $f(x)$라는 조건에서 구간에 따른 평균값 정리를 활용한다.

풀이

평균값 정리에 의해 $\dfrac{f(3) - f(1)}{3 - 1} = f'(c)$를 만족하는 $c \in (1, 3)$이 존재한다.

즉, $f'(c) = \dfrac{f(3) - f(1)}{2} \geq 2$ ($\because$ ㄴ)

$\Rightarrow \dfrac{f(3) - 5}{2} \geq 2 \Rightarrow f(3) \geq 9$

따라서 $f(3)$의 최솟값은 9이다.

정답 ④

3 로피탈 정리

1. 로피탈 정리

(1) 부정형

$\lim\limits_{x \to a} \dfrac{f(x)}{g(x)}$ 또는 $\lim\limits_{x \to a} f(x) \cdot g(x)$와 같은 형태의 극한에서 $\lim\limits_{x \to a} f(x) = \lim\limits_{x \to a} g(x) = 0$이거나

$\lim\limits_{x \to a} f(x) = \lim\limits_{x \to a} g(x) = \pm\infty$인 경우, $\dfrac{0}{0}$, $\dfrac{\infty}{\infty}$, $\infty - \infty$, $\infty \times 0$인 형태를 부정형이라 한다.

(단, $0 \times$유한 진동$= 0$, $\infty + \infty = \infty$, $\infty \times \infty = \infty$이다.)

(2) 부정형의 극한값 구하기

여기서 $\dfrac{0}{0}$ 또는 $\dfrac{\infty}{\infty}$와 같은 표현은 수식이 아니라 단지 분모와 분자가 모두 0에 접근하거나 발산한다는 뜻이다. 일반적인 연속함수의 극한은 단순히 값을 대입함으로써 구할 수 있지만, 부정형의 극한값은 그대로는 구할 수 없다. 다음과 같이 부정이 아닌 꼴로 식을 변형하여 계산해야 한다.

$$\lim_{x \to 1} \frac{x^2 - 1}{x - 1} = \lim_{x \to 1} \frac{(x-1)(x+1)}{x-1} = \lim_{x \to 1} (x+1) = 2$$

(3) 정리

a를 포함하는 개구간 I에서 f와 g가 미분가능하고 $g'(x) \neq 0$이라고 할 때, $\lim\limits_{x \to a} f(x) = 0$, $\lim\limits_{x \to a} g(x) = 0$이거나

$\lim\limits_{x \to a} f(x) = \pm\infty$, $\lim\limits_{x \to a} g(x) = \pm\infty$이면서 우변의 극한이 존재할 때(또는 ∞이거나 $-\infty$일 때) 다음이 성립한다.

$$\lim_{x \to a} \frac{f(x)}{g(x)} = \lim_{x \to a} \frac{f'(x)}{g'(x)}$$

(4) 활용

미분과 연계하여 사용되는 유용한 로피탈 정리는 함수의 극한을 보다 쉽게 구할 수 있다.

① $\dfrac{0}{0}$, $\dfrac{\infty}{\infty}$의 형태: 로피탈 정리를 바로 활용

② $\infty - \infty$, $\infty \times 0$의 형태는 식을 변형하여 $\dfrac{0}{0}$, $\dfrac{\infty}{\infty}$의 형태로 바꾼 다음 로피탈 정리를 활용

(5) 예시

앞서 (2)에서 구한 극한 $\lim\limits_{x \to 1} \dfrac{x^2 - 1}{x - 1}$을 로피탈 정리를 사용하여 구하면 다음과 같다.

$f(x) = x^2 - 1$, $g(x) = x - 1$이라 하면

$\lim\limits_{x \to 1} \dfrac{f(x)}{g(x)} = \lim\limits_{x \to 1} \dfrac{f'(x)}{g'(x)} = \lim\limits_{x \to 1} \dfrac{2x}{1} = 2$이다.

2. 부정형 0^0, ∞^0, 1^∞의 극한

(1) $\lim\limits_{x \to a}[f(x)]^{g(x)}$에서 아래와 같이 3가지 형태의 부정형이 나타난다.

    ① $\lim\limits_{x \to a}f(x) = 0$이고 $\lim\limits_{x \to a}g(x) = 0$일 때: 0^0형

    ② $\lim\limits_{x \to a}f(x) = \infty$이고 $\lim\limits_{x \to a}g(x) = 0$일 때: ∞^0형

    ③ $\lim\limits_{x \to a}f(x) = 1$이고 $\lim\limits_{x \to a}g(x) = \pm\infty$일 때: 1^∞형

이 세 가지 경우는 자연로그를 적용하여 변형할 수 있다.

즉, $y = [f(x)]^{g(x)} = e^{\ln[f(x)]^{g(x)}} = e^{g(x)\ln f(x)}$ 꼴로 변형 가능하다.

(2) $f(x) \cdot g(x)$가 $0 \cdot \infty$의 형태

    $f(x) \cdot g(x) = \dfrac{g(x)}{\dfrac{1}{f(x)}}$ 또는 $\dfrac{f(x)}{\dfrac{1}{g(x)}}$ 로 변형하여 로피탈 정리를 적용한다.

다시 $\dfrac{0}{0}$꼴 또는 $\dfrac{\infty}{\infty}$꼴이 나온다면, 계속해서 로피탈의 정리를 활용해 나갈 수 있다.

TIP▶ 부정형 $\dfrac{0}{0}$에 대한 로피탈의 정리는 우극한과 좌극한의 경우에도 성립한다.

01

로피탈 정리를 사용하여 다음 극한값을 구하시오.

(1) $\lim\limits_{x \to 0} \dfrac{e^x - \cos x - x}{2x^2}$

(2) $\lim\limits_{x \to 0} \dfrac{\sinh^{-1}x}{\ln(x+1)}$

공략 포인트 ◎

로피탈 정리를 활용하기 위해 앞서 배운 미분법 공식을 모두 암기하고 있어야 한다.
1) 미분법 기본공식
2) 삼각함수의 미분공식
3) 역삼각함수의 미분공식
4) 지수함수의 미분공식
5) 로그함수의 미분공식
6) 쌍곡선함수의 미분공식
7) 역쌍곡선함수의 미분공식

풀이

(1) $\lim\limits_{x \to 0} \dfrac{e^x - \cos x - x}{2x^2}$

$= \lim\limits_{x \to 0} \dfrac{e^x + \sin x - 1}{4x}$ $\left(\because \dfrac{0}{0} \text{꼴이므로 로피탈 정리를 이용한다.} \right)$

$= \lim\limits_{x \to 0} \dfrac{e^x + \cos x}{4}$ $\left(\because \dfrac{0}{0} \text{꼴이므로 로피탈 정리를 이용한다.} \right)$

$= \dfrac{1}{2}$

(2) $\lim\limits_{x \to 0} \dfrac{\sinh^{-1}x}{\ln(x+1)}$

$= \lim\limits_{x \to 0} \dfrac{\dfrac{1}{\sqrt{1+x^2}}}{\dfrac{1}{x+1}}$ $\left(\because \dfrac{0}{0} \text{꼴이므로 로피탈 정리를 이용한다.} \right)$

$= 1$

정답 (1) $\dfrac{1}{2}$ (2) 1

02

다음 극한값을 구하시오.

$$\lim_{x \to 0}(1 - \sin 2x)^{\frac{1}{3x}}$$

① $\dfrac{1}{\sqrt[3]{e^2}}$　　　　② $\dfrac{1}{\sqrt[2]{e^3}}$　　　　③ e^3　　　　④ e^2

공략 포인트 ◎

부정형 1^∞ 형태의 극한 문제는 자연로그를 적용하여 함수 형태를 변형한 후에 로피탈 정리를 활용한다.

풀이

$\lim\limits_{x \to 0}(1 - \sin 2x)^{\frac{1}{3x}}$ (1^∞ 형이므로 함수 형태를 변형한다.)

$= \lim\limits_{x \to 0} e^{\frac{\ln(1 - \sin 2x)}{3x}} = e^{\lim\limits_{x \to 0} \frac{\ln(1 - \sin 2x)}{3x}}$

이제 로피탈 정리를 사용하면 $\lim\limits_{x \to 0} \dfrac{\ln(1 - \sin 2x)}{3x} = \lim\limits_{x \to 0} \dfrac{\dfrac{-2\cos 2x}{1 - \sin 2x}}{3} = -\dfrac{2}{3}$

$\therefore \lim\limits_{x \to 0}(1 - \sin 2x)^{\frac{1}{3x}} = e^{-\frac{2}{3}} = \dfrac{1}{\sqrt[3]{e^2}}$

정답 ①

03

$\displaystyle\lim_{x\to\infty}\dfrac{e^x}{x^{2024}}$ 의 값은?

① 0   ② e ③ 2024   ④ ∞

공략 포인트 ◎

로피탈 정리를 적용한 결과가 다시 부정형의 극한인 경우, 계속해서 로피탈 정리를 이어 나갈 수 있다.

풀이

부정형 $\dfrac{\infty}{\infty}$ 꼴의 극한이므로 로피탈 정리를 여러 번 활용하면

$$\lim_{x\to\infty}\frac{e^x}{x^{2024}}=\lim_{x\to+\infty}\frac{e^x}{2024\,x^{2023}}=\lim_{x\to\infty}\frac{e^x}{2024\times2023\,x^{2023}}$$

$$\vdots$$

$$=\lim_{x\to\infty}\frac{e^x}{2024\times2023\times\cdots\times2\times1}$$

$$=\infty$$

정답 ④

04

함수 $f(x)=x^{10}$에 대하여, 극한 $\displaystyle\lim_{h\to0}\dfrac{f(1+h)-f(1-h)}{h}$ 의 값은?

① 10   ② 20   ③ 30   ④ 40

공략 포인트 ◎

로피탈 정리를 활용하여 문제를 접근하면 앞서 배운 극한값 구하는 문제를 더 수월하게 해결할 수 있다.

풀이

$$\lim_{h\to0}\frac{f(1+h)-f(1-h)}{h}=\lim_{h\to0}\frac{\{f'(1+h)+f'(1-h)\}}{1}\left(\because \frac{0}{0}\text{꼴이므로 로피탈 정리를 이용한다.}\right)$$

$$=2f'(1)$$

$$f'(x)=10x^9\Rightarrow f'(1)=10$$

$$\therefore 2f'(1)=2\times10=20$$

정답 ②

05

$f'(x)$ 가 연속이고 $f(1) = 0$, $f'(1) = 3$ 일 때, 극한 $\lim\limits_{x \to 0} \dfrac{f(e^x) + f(e^{3x})}{x}$ 의 값은?

① 6   ② 9   ③ 12   ④ 18

공략 포인트

함수의 극한을 구하는 문제에서 $\dfrac{0}{0}$, $\dfrac{\infty}{\infty}$ 의 부정형인 경우, 로피탈 정리를 활용한다.

풀이

$$\lim_{x \to 0} \frac{f(e^x) + f(e^{3x})}{x} = \lim_{x \to 0} \frac{e^x f'(e^x) + 3e^{3x} f'(e^{3x})}{1} \left(\because \frac{0}{0} \text{꼴이므로 로피탈 정리를 이용한다.} \right)$$

$$= f'(1) + 3f'(1)$$

$$= 4f'(1)$$

$$= 4 \times 3$$

$$= 12$$

정답 ③

06

다음 함수 $f(x)$가 연속함수이기 위한 a의 값은?

$$f(x) = \begin{cases} \dfrac{x^2 + 2x - 8}{x^2 - 4}, & x \neq 2 \\ a, & x = 2 \end{cases}$$

① 0   ② $\dfrac{1}{2}$ ③ $\dfrac{3}{2}$ ④ 4

공략 포인트

함수의 극한을 구하는 문제에서 $\dfrac{0}{0}$, $\dfrac{\infty}{\infty}$ 의 부정형인 경우, 로피탈 정리를 활용한다.

풀이

함수 $f(x)$가 연속함수이기 위해선 $x = 2$에서 함숫값과 극한값이 같아야 한다.

$$\lim_{x \to 2} \frac{x^2 + 2x - 8}{x^2 - 4} = \lim_{x \to 2} \frac{2x + 2}{2x} \left(\because \frac{0}{0} \text{꼴이므로 로피탈 정리를 이용한다.} \right)$$

$$= \frac{3}{2}$$

$\therefore f(2) = a = \dfrac{3}{2}$ 일 때 연속이다.

정답 ③

4 테일러 급수와 매클로린 급수

1. 테일러 급수

(1) 미분가능한 어떤 함수의 정의역 상의 점 $x=a$에서의 미분계수를 다항식의 계수로 하는 거듭제곱 급수로 표현하는
방법이다. a를 포함하는 구간에서 f가 무한 번 미분가능할 때 $x=a$에서 f의 테일러 급수는
$$f(x) = f(a) + f'(a)(x-a) + \frac{f''(a)}{2!}(x-a)^2 + \frac{f'''(a)}{3!}(x-a)^3 + \cdots \text{ 가 성립한다. 즉,}$$
$$f(x) = \sum_{n=0}^{\infty} \frac{f^{(n)}(a)}{n!}(x-a)^n$$

(2) 예시

유리함수 $f(x) = \dfrac{1}{x}$을 $x=2$에서의 테일러 급수로 나타내면 다음과 같다.

$f(x) = x^{-1}, f'(x) = -x^{-2}, f''(x) = 2!x^{-3}, \cdots, f^{(n)}(x) = (-1)^n n! x^{-(n+1)}$이므로

$f(2) = \dfrac{1}{2}, f'(2) = -\dfrac{1}{4}, \dfrac{f''(2)}{2!} = \dfrac{1}{8}, \cdots, \dfrac{f^{(n)}(x)}{n!} = \dfrac{(-1)^n}{2^{n+1}}$이다.

따라서 테일러 급수는 $\dfrac{1}{2} - \dfrac{(x-2)}{4} + \dfrac{(x-2)^3}{8} - \cdots + (-1)^n \dfrac{(x-2)^n}{2^{n+1}} + \cdots$ 이다.

(3) 증명

함수 $f(x)$가 수렴하는 어떤 범위에서 다음과 같은 $x-a$의 거듭제곱급수로 표시된다고 할 때

$f(x) = c_0 + c_1(x-a) + c_2(x-a)^2 + \cdots + c_n(x-a)^n + \cdots$ ㉠

여기서 c_i는 결정하여야 할 상수이고, a는 임의의 상수이다. $x=a$라 놓으면 $c_0 = f(a)$이 되고,

㉠을 계속 미분하면 다음과 같다.

$f'(x) = c_1 + 2c_2(x-a) + 3c_3(x-a)^2 + \cdots$

$f''(x) = 2!c_2 + 3!c_3(x-a) + 4 \times 3c_4(x-a)^2 + \cdots$

$f'''(x) = 3!c_3 + 4!c_4(x-a) + \cdots$

여기에 $x=a$를 대입하면

$c_1 = f'(a)$, $c_2 = \dfrac{f''(a)}{2!}$, $c_3 = \dfrac{f'''(a)}{3!}$, $\cdots$, $c_n = \dfrac{f^{(n)}(a)}{n!}$를 얻는다.

따라서 c_n을 ㉠ 식에 대입하면

$f(x) = f(a) + f'(a)(x-a) + \dfrac{f''(a)}{2!}(x-a)^2 + \dfrac{f^{(3)}(a)}{3!}(x-a)^3 + \cdots$을 얻는다.

2. 테일러 다항식

(1) 테일러 급수의 처음 몇 항까지를 선택함으로써 $x = a$ 근방에서 $f(x)$의 근사식으로 사용할 수 있는데, 이를 테일러 다항식이라고 한다.

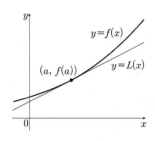

$$T_n(x) = \sum_{i=0}^{n} \frac{f^{(i)}(a)}{i!}(x-a)^i$$

(2) 선형 근사식(일차 근사식, $n=1$인 테일러 급수)

$$f(x) \approx f(a) + f'(a)(x-a)$$

TIP▶ 테일러 급수의 나머지 $R_n(x) = f(x) - T_n(x)$이고 $\lim_{n \to \infty} R_n(x) = 0$이면 $\lim_{n \to \infty} T_n(x) = f(x)$이다.

(3) 예시

$f(x) = \sin x$의 $x = \dfrac{\pi}{3}$에서의 1, 2, 3차 테일러 다항식을 구하면 다음과 같다.

$$f\left(\frac{\pi}{3}\right) = \sin\frac{\pi}{3} = \frac{\sqrt{3}}{2}$$

$$f'\left(\frac{\pi}{3}\right) = \cos\frac{\pi}{3} = \frac{1}{2}$$

$$f''\left(\frac{\pi}{3}\right) = -\sin\frac{\pi}{3} = -\frac{\sqrt{3}}{2}$$

$$f^{(3)}\left(\frac{\pi}{3}\right) = -\cos\frac{\pi}{3} = -\frac{1}{2}$$

$$f^{(4)}\left(\frac{\pi}{3}\right) = \sin\frac{\pi}{3} = \frac{\sqrt{3}}{2}$$

이므로 n차 테일러 다항식을 $T_n(x)$라 하면 다음과 같다.

$$T_1(x) = f\left(\frac{\pi}{3}\right) + f'\left(\frac{\pi}{3}\right)\left(x - \frac{\pi}{3}\right) = \frac{\sqrt{3}}{2} + \frac{1}{2}\left(x - \frac{\pi}{3}\right)$$

$$T_2(x) = f\left(\frac{\pi}{3}\right) + f'\left(\frac{\pi}{3}\right)\left(x - \frac{\pi}{3}\right) + \frac{f''\left(\frac{\pi}{3}\right)}{2!}\left(x - \frac{\pi}{3}\right)^2 = \frac{\sqrt{3}}{2} + \frac{1}{2}\left(x - \frac{\pi}{3}\right) - \frac{\sqrt{3}}{4}\left(x - \frac{\pi}{3}\right)^2$$

$$T_3(x) = f\left(\frac{\pi}{3}\right) + f'\left(\frac{\pi}{3}\right)\left(x - \frac{\pi}{3}\right) + \frac{f''\left(\frac{\pi}{3}\right)}{2!}\left(x - \frac{\pi}{3}\right)^2 + \frac{f^{(3)}\left(\frac{\pi}{3}\right)}{3!}\left(x - \frac{\pi}{3}\right)^3$$

$$= \frac{\sqrt{3}}{2} + \frac{1}{2}\left(x - \frac{\pi}{3}\right) - \frac{\sqrt{3}}{4}\left(x - \frac{\pi}{3}\right)^2 - \frac{1}{12}\left(x - \frac{\pi}{3}\right)^3$$

(4) 테일러 정리

함수 $f(x)$가 a를 포함하는 개구간 I에서 $(n+1)$계 도함수까지 존재하고, 도함수가 모두 연속이면 양의 정수 n과 a와 x에 속하는 모든 t에 대하여 함수 $f(x)$를 다음과 같이 표현할 수 있다.

$$f(x) = f(a) + f'(a)(x-a) + \cdots + \frac{f^{(n)}(a)}{n!}(x-a)^n + R_n(x)$$

$$\text{여기서, } R_n(x) = \int_a^x f^{(n+1)}(t)\frac{(x-t)^n}{n!}dt$$

(5) 테일러 부등식

$|x-a| \leq d$에 대하여 $\left|f^{(n+1)}(x)\right| \leq M$이면

$$\left|R_n(x)\right| \leq \frac{M}{(n+1)!}\,|x-a|^{n+1}$$

3. 매클로린 급수

(1) 정의

$x=0$에서의 테일러 급수를 매클로린 급수라고 하며, $f(x) = f(0) + f'(0)x + \dfrac{f''(0)}{2!}x^2 + \dfrac{f'''(0)}{3!}x^3 + \cdots$로 표현한다.

즉, $f(x) = \displaystyle\sum_{n=0}^{\infty}\frac{f^{(n)}(0)}{n!}x^n$이다.

(2) "매클로린 급수로 전개"와의 동의어

① $x=0$에서의 테일러급수 전개

② $\displaystyle\sum_{n=0}^{\infty}a_n x^n$으로 전개

③ x의 멱급수로 전개

(3) 중요 매클로린 급수 공식

함수와 매클로린 급수의 전개식	수렴구간	$\sum$으로 표현
① $\sin x = x - \dfrac{x^3}{3!} + \dfrac{x^5}{5!} - \dfrac{x^7}{7!} + \cdots$	$-\infty < x < \infty$	$\displaystyle\sum_{n=0}^{\infty}(-1)^n\frac{x^{2n+1}}{(2n+1)!}$
② $\cos x = 1 - \dfrac{x^2}{2!} + \dfrac{x^4}{4!} - \dfrac{x^6}{6!} + \cdots$	$-\infty < x < \infty$	$\displaystyle\sum_{n=0}^{\infty}(-1)^n\frac{x^{2n}}{(2n)!}$
③ $\sinh x = x + \dfrac{x^3}{3!} + \dfrac{x^5}{5!} + \dfrac{x^7}{7!} + \cdots$	$-\infty < x < \infty$	$\displaystyle\sum_{n=0}^{\infty}\frac{x^{2n+1}}{(2n+1)!}$
④ $\cosh x = 1 + \dfrac{x^2}{2!} + \dfrac{x^4}{4!} + \dfrac{x^6}{6!} + \cdots$	$-\infty < x < \infty$	$\displaystyle\sum_{n=0}^{\infty}\frac{x^{2n}}{(2n)!}$
⑤ $\tan^{-1}x = x - \dfrac{x^3}{3} + \dfrac{x^5}{5} - \dfrac{x^7}{7} + \cdots$	$-1 \leq x \leq 1$	$\displaystyle\sum_{n=0}^{\infty}(-1)^n\frac{x^{2n+1}}{2n+1}$

함수와 매클로린 급수의 전개식	수렴구간	$\sum$으로 표현
⑥ $\tanh^{-1}x = x + \dfrac{x^3}{3} + \dfrac{x^5}{5} + \dfrac{x^7}{7} + \cdots$	$-1 < x < 1$	$\displaystyle\sum_{n=0}^{\infty} \dfrac{x^{2n+1}}{2n+1}$
⑦ $e^x = 1 + x + \dfrac{x^2}{2!} + \dfrac{x^3}{3!} + \dfrac{x^4}{4!} + \cdots$	$-\infty < x < \infty$	$\displaystyle\sum_{n=0}^{\infty} \dfrac{x^n}{n!}$
⑧ $\dfrac{1}{1-x} = 1 + x + x^2 + x^3 + x^4 + \cdots$	$-1 < x < 1$	$\displaystyle\sum_{n=0}^{\infty} x^n$
⑨ $\ln(1+x) = x - \dfrac{x^2}{2} + \dfrac{x^3}{3} - \dfrac{x^4}{4} + \cdots$	$-1 < x \leq 1$	$\displaystyle\sum_{n=0}^{\infty} \dfrac{(-1)^n}{n+1} x^{n+1}$
⑩ $(1+x)^p = 1 + px + \dfrac{p(p-1)}{2!}x^2 + \dfrac{p(p-1)(p-2)}{3!}x^3 + \cdots$	$-1 < x < 1$	$\displaystyle\sum_{n=0}^{\infty} \binom{p}{n} x^n$
⑪ $\tan x = x + \dfrac{1}{3}x^3 + \dfrac{2}{15}x^5 + \cdots$	$-$	$-$
⑫ $\sec x = 1 + \dfrac{x^2}{2!} + \dfrac{5x^4}{4!} + \cdots$	$-$	$-$
⑬ $\sin^{-1}x = x + \dfrac{1}{2} \cdot \dfrac{1}{3}x^3 + \dfrac{1}{2} \cdot \dfrac{3}{4} \cdot \dfrac{1}{5}x^5 + \cdots$	$\lvert x \rvert < 1$	$-$
⑭ $\sinh^{-1}x = x - \dfrac{1}{2} \cdot \dfrac{1}{3}x^3 + \dfrac{1}{2} \cdot \dfrac{3}{4} \cdot \dfrac{1}{5}x^5 - \cdots$	$-$	$-$

01

$f(x) = \sqrt{x^2 + 9}$일 때, $x = 4$에서의 일차 근사함수를 이용하여 $f(4.1)$의 근삿값을 구하시오.

① 5.08　　　　　　② 4.08　　　　　　③ 3.08　　　　　　④ 2.08

공략 포인트

$x = a$에서 $f(x)$의 테일러 급수를 활용한 선형 근사식

$f(x) \approx f(a) + f'(a)(x-a)$

풀이

$f'(x) = \dfrac{x}{\sqrt{x^2+9}}$이고, 선형 근사식 $f(4.1) \approx f(4) + f'(4)(4.1-4)$이다.

여기서 $f(4) = 5$, $f'(4) = \dfrac{4}{5}$이므로

$f(4.1) \approx 5 + \dfrac{4}{5}(4.1-4) = 5.08$이다.

정답 ①

02

$x = 1$에서 $f(x) = \tan^{-1}x$의 접선에 관한 이차 근사식을 이용하여 $\tan^{-1}\left(\dfrac{3}{4}\right)$의 값을 구하시오.

① $\dfrac{3\pi}{64}$　　　　② $\dfrac{16\pi+9}{64}$　　　　③ $\dfrac{3\pi-9}{16}$　　　　④ $\dfrac{16\pi-9}{64}$

공략 포인트

테일러 급수

$f(x) = \displaystyle\sum_{n=0}^{\infty} \dfrac{f^{(n)}(a)}{n!}(x-a)^n$

풀이

$f'(x) = \dfrac{1}{1+x^2}$, $f''(x) = -\dfrac{2x}{(1+x^2)^2}$ 이므로 $f(x)$의 $x = 1$에서의 이차 근사식은 다음과 같다.

$f(x) \approx f(1) + f'(1)(x-1) + \dfrac{f''(1)}{2!}(x-1)^2$

$\quad = \dfrac{\pi}{4} + \dfrac{1}{2}(x-1) - \dfrac{1}{4}(x-1)^2$

구하고자 하는 $\tan^{-1}\left(\dfrac{3}{4}\right)$은 다음과 같이 구할 수 있다.

$f\left(\dfrac{3}{4}\right) \approx \dfrac{\pi}{4} + \dfrac{1}{2}\times\left(-\dfrac{1}{4}\right) - \dfrac{1}{4}\times\dfrac{1}{16} = \dfrac{16\pi-9}{64}$

정답 ④

03

함수 $f(x) = xe^{2x}$ 를 $x=0$에서 테일러 전개하였을 때 x^3의 계수는?

① 1   ② 2   ③ 4   ④ 8

공략 포인트

'$x=0$에서 테일러 전개하였을 때' 라는 문제의 풀이는 매클로린 급수로 전개하여 구한다.

풀이

$f(x)$를 매클로린 급수로 나타내면 다음과 같다.

$f(x) = xe^{2x} = x\left(1 + (2x) + \dfrac{(2x)^2}{2!} + \cdots\right)$ 이므로 x^3의 계수는 $\dfrac{2^2}{2!} = 2$ 이다.

정답 ②

04

매클로린 급수를 이용하여 $x=0$에서 함수 $f(x) = x\cos(x^2)$의 9계 미분계수 $f^{(9)}(0)$의 값을 구하면?

① $\dfrac{9!}{2!}$ ② $\dfrac{9!}{3!}$ ③ $\dfrac{9!}{4!}$ ④ $\dfrac{9!}{5!}$

공략 포인트

매클로린 급수의 전개식

$\cos x$
$= 1 - \dfrac{x^2}{2!} + \dfrac{x^4}{4!} - \dfrac{x^6}{6!} + \cdots$

풀이

매클로린 급수를 이용하면

$\cos(x^2) = 1 - \dfrac{x^4}{2!} + \dfrac{x^8}{4!} - \dfrac{x^{12}}{6!} + \cdots$ 이므로

$f(x) = x\cos(x^2) = x - \dfrac{x^5}{2!} + \dfrac{x^9}{4!} - \dfrac{x^{13}}{6!} + \cdots$ 이다.

$\therefore f^{(9)}(0) = \dfrac{9!}{4!}$

정답 ③

05

$y = x^2 \ln(1+x^2)$일 때 $\dfrac{d^6 y}{dx^6}(0)$의 값은?

① 180   ② -360 ③ 540   ④ -720

공략 포인트

매클로린 급수의 전개식
$\ln(1+x)$
$= x - \dfrac{x^2}{2} + \dfrac{x^3}{3} - \dfrac{x^4}{4} + \cdots$

풀이

$$y = x^2 \ln(1+x^2) = x^2 \left(x^2 - \frac{x^4}{2} + \frac{x^6}{3} - \cdots \right) = x^4 - \frac{x^6}{2} + \frac{x^8}{3} - \cdots$$

$$\therefore \frac{d^6 y}{dx^6}(0) = -\frac{6!}{2} = -360$$

정답 ②

06

$\displaystyle\lim_{x \to 0} \dfrac{\sin^{-1} x - x}{x^3}$의 값은?

① $\dfrac{1}{6}$ ② $-\dfrac{1}{6}$ ③ $\dfrac{1}{2}$ ④ $-\dfrac{1}{2}$

공략 포인트

매클로린 급수를 이용한 극한
$\sin^{-1} x = x + \dfrac{1}{6} x^3 + \cdots$

풀이

$$\lim_{x \to 0} \frac{\sin^{-1} x - x}{x^3} = \lim_{x \to 0} \frac{\left(x + \frac{1}{2}\frac{1}{3} x^3 + \cdots \right) - x}{x^3} = \lim_{x \to 0} \frac{\frac{1}{6} x^3 + \cdots}{x^3} = \frac{1}{6}$$

정답 ①

5 근삿값과 오차

1. 미분과 근삿값

(1) 아래 그림에서 $y=f(x)$의 접선 PR의 기울기는 도함수 $\dfrac{dy}{dx}=f'(x)$이고, y의 미분 $dy=f'(x)\,dx$이다. S로부터 R까지의 유향거리 dy는 접선이 올라가거나 내려간 양(선형화의 변화량)을 의미하고, $\triangle y=f(x+\triangle x)-f(x)$에서 $\triangle y$는 x가 dx만큼 변할 때 곡선 $y=f(x)$가 올라가거나 내려간 양을 의미한다.

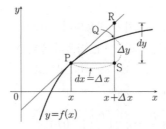

(2) 미분

f가 $x=a$에서 미분가능할 때, $x=a$에서의 x의 미분(differential) dx는 a로부터의 x의 증분을 말하고 f의 미분 dy는 $f'(a)\,dx$를 말한다. 즉, dy는 $(a, f(a))$를 지나는 접선을 따른 y의 증분이다.

(3)

dx는 독립변수이고, dy는 x와 dx에 의해 결정되는 종속변수이다. 지금까지 $\dfrac{dy}{dx}$를 y를 x에 관해 미분하는 하나의 기호로 사용했으나, dx, dy를 각각 하나의 함수로 해석할 수 있다. 즉, 괄호 [ ]안의 함수를 미분하는 연산자로 기능했던 $\dfrac{d}{dx}$[ ]를 이제 d[ ]로 나타내어 [ ]안의 함수를 미분하는 것으로 해석할 수 있게 된다는 것을 뜻한다. 예를 들면,

$$\frac{d}{dx}\left[x^2\right]=2x \implies d\left[x^2\right]=2x\,dx$$

즉, $\dfrac{d}{dx}[f(x)]=f'(x) \implies d[f(x)]=f'(x)\,dx$로 dx를 마치 분모처럼 양변에 곱할 수 있게 된다.

(4) 예시

$y=x\sin x$일 때,

$dy=x\,d[\sin x]+\sin x\,d[x]=x\cos x\,dx+\sin x\,dx=(x\cos x+\sin x)\,dx$이다.

(5) 미분에 의한 일차 근사식

주어진 $x=a$에서 $f(x)$의 테일러 급수를 활용하여 x의 1차식까지만 전개한 식을 선형(1차) 근사식이라고 한다. 이는 미분기호를 이용하여 다음과 같이 표현할 수 있다.

$$f(a+dx) \approx f(a)+f'(a)dx$$

2. 오차

(1) 오차의 종류

$f(x+\triangle x)$를 정확한 값, $y=f(x)$를 측정값, $\triangle x$를 측정오차라 할 때

① 누적오차: $\triangle y = f(x+\triangle x) - f(x)$

② 최대오차: $\triangle y \approx dy$

③ 상대오차: $\dfrac{\triangle y}{y} \approx \dfrac{dy}{y}$

④ 백분율 오차: $\dfrac{\triangle y}{y} \times 100 \approx \dfrac{dy}{y} \times 100$

(2) 예시

정육면체의 각 변의 길이는 $0.1\,\text{cm}$의 한계오차가 적용되며, $30\,\text{cm}$로 측정하였을 때, 미분을 이용하여 정육면체 부피의 최대오차, 상대오차, 백분율 오차를 순서대로 구하면 다음과 같다.

부피 $V = x^3$이라 하면 $dV = 3x^2 dx$이다. $x = 30$, $dx = 0.1$이므로

① 최대오차: $\triangle V \approx dV = 3 \times (30)^2 \times (0.1) = 270$

② 상대오차: $\dfrac{\triangle V}{V} \approx \dfrac{dV}{V} = \dfrac{3x^2 dx}{x^3} = 3\dfrac{dx}{x} = 3 \times \left(\dfrac{0.1}{30}\right) = 0.01$

③ 백분율 오차: $0.01 \times 100\% = 1\%$

개념적용

01

$x = \dfrac{\pi}{3}$에서 $f(x) = \sin x$의 미분을 이용하여 $\sin\left(\dfrac{5}{12}\pi\right)$의 근삿값을 구하시오.

① $\dfrac{\sqrt{3}}{2} + \dfrac{\pi}{24}$ ② $\dfrac{\sqrt{3}}{4}$ ③ 1 ④ $\sqrt{3}$

공략 포인트 ◎

미분에 의한 일차 근사식
$f(a+dx) \approx f(a) + f'(a)dx$

풀이

$f'(x) = \cos x\, dx$이고 $f\left(\dfrac{\pi}{3}\right) = \sin\dfrac{\pi}{3} = \dfrac{\sqrt{3}}{2}$이므로

$\sin\left(\dfrac{5\pi}{12}\right) = f\left(\dfrac{5\pi}{12}\right) = f\left(\dfrac{\pi}{3} + \dfrac{\pi}{12}\right) \approx f\left(\dfrac{\pi}{3}\right) + f'\left(\dfrac{\pi}{3}\right)dx$이고, 이때 $dx = \dfrac{5\pi}{12} - \dfrac{\pi}{3} = \dfrac{\pi}{12}$이다.

$\therefore f\left(\dfrac{5\pi}{12}\right) \approx \dfrac{\sqrt{3}}{2} + \left(\cos\dfrac{\pi}{3}\right) \times \dfrac{\pi}{12} = \dfrac{\sqrt{3}}{2} + \dfrac{\pi}{24}$

정답 ①

6 미분의 응용(1)

> 출제경향 분석
> # 접선의 방정식, 로피탈 정리, 매클로린 급수와 관련된 문제의 출제 비중이 높습니다.
> # 로피탈 정리를 활용하면 미분법과 관련한 전반적인 문제풀이에 큰 도움이 됩니다.
> # 매클로린 급수의 중요 공식은 필히 암기해야 문제풀이 시간을 단축할 수 있습니다.

01 접선의 방정식

🔍 개념 1. 접선과 법선의 방정식

$x=-1$에서 연속인 함수 f에 대하여 $\lim\limits_{x \to -1} \dfrac{f(x)+1}{x+1}=2$일 때, $x=-1$에서 f의 접선의 방정식은?

① $y=2x-1$ ② $y=2x+1$ ③ $y=2x-2$ ④ $y=2x+2$

풀이

STEP A 부정형의 극한값이 수렴하는 것에서 분자의 값을 유추하기

$\lim\limits_{x \to -1} \dfrac{f(x)+1}{x+1}=2$에서 (분모) → 0이므로 (분자) → 0이어야 한다.

그러므로 $f(-1)=-1$이다.

또한, $\lim\limits_{x \to -1} \dfrac{f(x)+1}{x+1}=f'(-1)=2$이다.

STEP B 접선의 기울기와 지나는 한 점을 이용하여 접선의 방정식 구하기

즉, $x=-1$에서 함수 f의 접선의 기울기는 2, 지나는 한 점은 $(-1, -1)$이다.

그러므로 f의 접선의 방정식은 $y+1=2(x+1)$이다.

즉, $y=2x+1$

TIP▶ 직선의 방정식

점 $(a, f(a))$를 지나고, 기울기가 $f'(a)$인 직선의 방정식

$y-f(a)=f'(a)(x-a)$

정답 ②

02
평균값 정리

함수 $f(x)$가 $f(1)=2$이고 임의의 실수 x에 대해 $f'(x) \geq 1$일 때, $f(4) \geq a$이다. a의 최댓값은?

① 3   ② $\dfrac{7}{2}$ ③ 4   ④ 5

풀이

STEP A   평균값 정리 이용하기

구간 $[1, 4]$에서 평균값 정리를 이용하면 $\dfrac{f(4)-f(1)}{4-1}=f'(c)$, $c \in (1, 4)$이다.

STEP B   주어진 조건 활용하기

함수 $f(x)$가 임의의 실수에 대하여 $f'(x) \geq 1$을 만족하므로 $f'(c) \geq 1$로 볼 수 있다.

또한, $f(1)=2$이므로 $\dfrac{f(4)-f(1)}{4-1}=\dfrac{f(4)-2}{3}=f'(c) \geq 1$

$\Leftrightarrow f(4) \geq 5$이다.

즉, 구하고자 하는 a의 최댓값은 보기 중 ④다.

정답 ④

03
미정계수의 결정 (로피탈 정리)

$\lim\limits_{x \to 0} \dfrac{\tan 2x}{a \sin^{-1} x + b} = 3$이 되려면, a의 값은?

① 1　　　　② 3　　　　③ $\dfrac{1}{3}$　　　　④ $\dfrac{2}{3}$

풀이

STEP A 부정형의 극한값이 수렴하는 것에서 분모의 값을 유추하기

$x \to 0$일 때, (분자)$\to 0$이면서 극한값이 0이 아니므로 (분모)$\to 0$이다. 따라서 $b = 0$이다.

STEP B 부정형 $\dfrac{0}{0}$꼴이므로 로피탈 정리를 이용하기

$$\lim_{x \to 0} \frac{\tan 2x}{a \sin^{-1} x} = \lim_{x \to 0} \frac{2 \sec^2 2x}{\dfrac{a}{\sqrt{1-x^2}}} = \frac{2}{a}$$

STEP C 계산값과 주어진 식의 극한값을 비교하여 a의 값을 구하기

$\dfrac{2}{a} = 3$이므로

$a = \dfrac{2}{3}$

정답 ④

04
테일러 급수

$f(x) = \ln x$를 $x = 1$에서 테일러 급수로 전개시키면 $f(x) = \sum_{n=0}^{\infty} a_n (x-1)^n$이라 할 때 $a_n \ (n > 0)$을 구하시오. (단, $a_0 = 0$이다.)

① $a_n = \dfrac{(-1)^{n+1}}{n}$ ② $a_n = \dfrac{(-1)^{n+1}}{n-2}$ ③ $a_n = \dfrac{(-1)^{2n+1}}{2n}$ ④ $a_n = n-1$

풀이

STEP A 주어진 함수를 테일러 급수 정의에 의해 전개하기

함수 $f(x)$를 $x = 1$에서 테일러 급수 정의에 의해 전개하면

$$f(x) = \sum_{n=0}^{\infty} \frac{f^n(1)}{n!} (x-1)^n \text{이다.}$$

$$\therefore a_n = \frac{f^{(n)}(1)}{n!}$$

STEP B $f^{(n)}(1)$값을 구하기 위해 $f(x)$의 n계 도함수를 나열하여 관계식을 찾기

$$f'(x) = x^{-1}, \ f''(x) = -1x^{-2}, \ f^{(3)}(x) = 2!x^{-3}, \ f^{(4)}(x) = -3!x^{-4}$$

관계식을 정리하면 $f^{(n)}(1) = (-1)^{n+1}(n-1)!$이다.

$$\therefore a_n = \frac{f^{(n)}(1)}{n!} = \frac{(-1)^{n+1}(n-1)!}{n!} = \frac{(-1)^{n+1}}{n}$$

정답 ①

05
매클로린 급수

$f(x) = \sec x$일 때, $f^{(4)}(0)$의 값은? (단, $f^{(n)}(x)$는 $f(x)$를 n번 미분한 것을 의미한다.)

① 3   ② 5   ③ 24   ④ 120

풀이

STEP A 매클로린 급수를 활용하여 sec함수를 전개하기

함수 $f(x)$를 매클로린 급수로 전개하면

$$f(x) = \sec x = 1 + \frac{1}{2}x^2 + \frac{5}{24}x^4 + \cdots$$

STEP B n계 도함수 구하기

$$f^{(4)}(0) = \sec^{(4)}(0) = \frac{5}{24} \times 4! = 5 \text{이다.}$$

다른 풀이

STEP A 주어진 함수 $f(x)$를 직접 4번 미분하기

$f'(x) = \sec x \tan x$

$f''(x) = \sec x \tan^2 x + \sec^3 x$

$f^{(3)}(x) = \sec x \tan^3 x + \sec x \cdot 2\tan x \sec^2 x + 3\sec^2 x \cdot \sec x \tan x$

$\qquad = \sec x \tan^3 x + 5\sec^3 x \tan x$

$f^{(4)}(x) = \sec x \tan^4 x + \sec x \cdot 3\tan^2 x \sec^2 x + 5\{3\sec^3 x \tan^2 x + \sec^3 x \cdot \sec^2 x\}$

$\qquad = \sec x \tan^4 x + 18\sec^3 x \tan^2 x + 5\sec^5 x$

이므로 $f^{(4)}(0) = 5$이다.

정답 ②

06
선 형 근 사 식

$x = \dfrac{\pi}{3}$ 에서의 선형 근사식(또는 접선 근사식)을 이용하여 $\sin 2 + \cos 1$의 근삿값을 구하시오.

① $\dfrac{1}{2} + \dfrac{\pi}{3}\left(1 + \dfrac{\sqrt{3}}{2}\right)$

② $\dfrac{1}{2} - \dfrac{\pi}{3}\left(1 + \dfrac{\sqrt{3}}{2}\right)$

③ $-\dfrac{1}{2} + \dfrac{\pi}{3}\left(1 + \dfrac{\sqrt{3}}{2}\right)$

④ $-\dfrac{1}{2} - \dfrac{\pi}{3}\left(1 + \dfrac{\sqrt{3}}{2}\right)$

풀이

STEP A 선형 근사식으로 함수를 나타내기

$f(x) = \sin 2x + \cos x$ 라고 할 때, $x = \dfrac{\pi}{3}$ 에서의 선형 근사식을 $g(x)$ 라고 하면

$g(x) = f\left(\dfrac{\pi}{3}\right) + f'\left(\dfrac{\pi}{3}\right)\left(x - \dfrac{\pi}{3}\right) = \left(\dfrac{\sqrt{3}}{2} + \dfrac{1}{2}\right) + \left(-1 - \dfrac{\sqrt{3}}{2}\right)\left(x - \dfrac{\pi}{3}\right)$ 이다.

STEP B 나타낸 식을 전개한 후, 정의역을 대입해 구하고자 하는 값을 구하기

구하고자 하는 근삿값을 구하기 위해서는 $g(x)$ 함수에 $x = 1$을 대입하면 된다.

이를 식으로 나타내면 다음과 같다.

$$\begin{aligned} \sin 2 + \cos 1 = g(1) &= \left(\dfrac{\sqrt{3}}{2} + \dfrac{1}{2}\right) + \left(-1 - \dfrac{\sqrt{3}}{2}\right)\left(1 - \dfrac{\pi}{3}\right) \\ &= \dfrac{\sqrt{3}}{2} + \dfrac{1}{2} - 1 - \dfrac{\sqrt{3}}{2} + \dfrac{\pi}{3}\left(1 + \dfrac{\sqrt{3}}{2}\right) \\ &= -\dfrac{1}{2} + \dfrac{\pi}{3}\left(1 + \dfrac{\sqrt{3}}{2}\right) \end{aligned}$$

정답 ③

01 함수 $f(x) = 2x^3 - 18x^2 + 60x + 2$에 대하여 곡선 $y = f(x)$에 접하는 직선의 기울기는 $x = a$일 때 최솟값을 갖고,

그 최솟값은 b이다. $a + b$의 값은?

① 3　　　　　　　② 6　　　　　　　③ 9　　　　　　　④ 12

02 매개변수방정식 $x = \dfrac{t}{t^2 + 1}$, $y = (t - 2)e^t$로 주어진 곡선과 x축이 만나는 점에서 이 곡선에 그은 접선의 방정식은?

① $y = \dfrac{5}{2}e^2 x - e^2$　　　　② $y = \dfrac{2}{5}e^2 x - \dfrac{4}{25}$　　　　③ $y = \dfrac{25}{3}e^2 x - \dfrac{10}{3}e^2$　　　　④ $y = -\dfrac{25}{3}e^2 x + \dfrac{10}{3}e^2$

03 매개변수곡선 $x = t^2$, $y = t^3 - 3t + 1$ 위의 점 A에서 두 개의 접선을 갖는다고 할 때, 점 A에서 두 접선의 기울기의 곱은?

① -4　　　　　　② -3　　　　　　③ -2　　　　　　④ -1

04 곡선 $y = x\ln(\ln x)$ 위의 점 $(e, 0)$에서의 접선과 곡선 $y = \dfrac{e^{3x}}{x^2}$ 위의 점 $(1, e^3)$에서의 접선에 대하여 두 접선의 기울기의 곱을 구하시오.

① e^3 ② $2e^3$ ③ $3e^2$ ④ 1

05 매개변수방정식 $x = 2\sin 2t$, $y = 2\sin t$ 위의 점 $(\sqrt{3}, 1)$에서 그은 접선과 x축, y축이 이루는 도형의 면적을 구하시오.

① $\dfrac{1}{\sqrt{3}}$ ② $\dfrac{1}{2\sqrt{3}}$ ③ $\dfrac{1}{3\sqrt{3}}$ ④ $\dfrac{1}{4\sqrt{3}}$

06 곡선 $x = y\sqrt{1+y}$ (단, $y > -1$)의 $x = \sqrt{2}$에서의 접선을 $y = ax + b$라 할 때, $\dfrac{a}{b}$의 값을 구하시오.

① $\sqrt{2}$ ② $2\sqrt{2}$ ③ $\dfrac{2\sqrt{2}}{5}$ ④ $\dfrac{2\sqrt{2}}{25}$

07 곡선 $y = x^{\csc x}$ 위의 점 $\left(\dfrac{\pi}{2}, \dfrac{\pi}{2}\right)$에서의 접선의 방정식을 $y = f(x)$라 할 때, $f(1)$의 값은?

 ① 1   ② 2   ③ 3   ④ 4

08 점 $(0, -4)$에서 곡선 $y = x^2 - 3$에 그은 두 접선의 기울기의 곱은?

 ① -25 ② -16 ③ -9 ④ -4

09 곡선 $x^2 + 3xy + y^2 = -5$의 접선 중 x축에 평행한 두 접선 사이의 거리를 구하면?

 ① 1   ② 2   ③ 3   ④ 4

10 모든 양의 실수 집합에서 정의된 다음 세 함수의 대소 관계로 옳은 것은?

$$f(x)=\frac{1}{x+1}+\ln x, \ g(x)=\ln(x+1), \ h(x)=\frac{1}{x}+\ln x$$

① $f(x)<g(x)$

② $g(x)<f(x)$

③ $h(x)<g(x)$

④ $f(x)<h(x)<g(x)$

11 함수 $f(x)=2x^3-3x^2+2x+1$과 그 역함수 $g(x)$에 대하여 다음 |보기|에서 옳은 것만을 있는 대로 고른 것은?

───────── | 보 기 | ─────────

ㄱ. 모든 실수 x에 대하여 $f'(x)\geq\frac{1}{2}$이다.

ㄴ. 모든 실수 x에 대하여 $0<g'(x)\leq 2$이다.

ㄷ. $x<y$인 모든 실수 x, y에 대하여 $0<g(y)-g(x)\leq 2(y-x)$이다.

① ㄱ

② ㄱ, ㄷ

③ ㄴ, ㄷ

④ ㄱ, ㄴ, ㄷ

12 구간 $(1, 4)$에서 미분가능인 함수 f가 $f(1)=2$이고, 모든 x에 대하여 $2\leq f'(x)\leq 3$의 조건을 만족한다고 할 때, $f(4)$가 취할 수 있는 값의 범위는?

① $2\leq f(4)\leq 3$

② $6\leq f(4)\leq 8$

③ $8\leq f(4)\leq 11$

④ $9\leq f(4)\leq 12$

13 모든 실수 x에 대하여 미분가능한 함수 $f(x)$가 $\lim\limits_{x\to\infty} f'(x)=1$을 만족시킬 때, 평균값 정리를 이용하여 $\lim\limits_{x\to\infty}\{f(x+2)-f(x-2)\}$의 값을 구하면?

① 1   ② 2   ③ 3   ④ 4

14 실수 전체에서 무한 번 미분가능한 함수 $f(x)$는 다음과 같이 자연수에서 함숫값의 부호를 교대로 갖는다.

$$f(0) > 0, f(1) < 0, \cdots, f(2019) < 0$$

이때, 일반적으로 참인 명제들을 모두 고르시오.

| 보 기 |

  ㄱ. $f'(x)$는 적어도 2019 개의 근을 갖는다.

  ㄴ. $f''(x)$는 적어도 2017 개의 근을 갖는다.

  ㄷ. 고차미분 $f^{(2019)}(x)$ 는 적어도 1 개의 근을 갖는다.

① ㄱ   ② ㄴ   ③ ㄱ, ㄷ   ④ ㄱ, ㄴ, ㄷ

15 $f(x) = e^{\sin x}$의 역함수를 $g(x)$라 하면, $\lim\limits_{h\to 0}\dfrac{g(1+3h)-g(1-h)}{h}$의 값은?

① 1   ② 2   ③ 3   ④ 4

16 열린구간 $\left(-\dfrac{\pi}{4}, \dfrac{\pi}{4}\right)$에서 연속인 함수 $f(x)=\begin{cases} \dfrac{x^2+ax+b}{\tan(2x)} & , x \neq 0 \\ 1 & , x = 0 \end{cases}$ (단, a와 b는 상수)가 있다. $a+b$의 값은?

① -2 ② -1 ③ 1 ④ 2

17 a가 양수일 때, 다음 극한값은?

$$\lim_{x \to a} \frac{\sqrt{2a^3 x - x^4} - a\sqrt[3]{a^2 x}}{a - \sqrt[4]{ax^3}}$$

① 1 ② a ③ $\dfrac{16}{9}$ ④ $\dfrac{16a}{9}$

18 함수 $f(x)$의 도함수와 2계 도함수가 모든 x에서 연속이고, $f'(0) = 1$, $f''(0) = -1$일 때 다음 극한값을 구하시오.

$$\lim_{x \to 0} \frac{(1+x)f(x) + (1-x)f(-x) - 2f(0)}{x^2}$$

① -2 ② -1 ③ 0 ④ 1

19 $\lim\limits_{x \to 0} \dfrac{1-e^{ax+b}}{\ln(1+x)}=7$일 때, 상수 a, b의 합 $a+b$의 값은?

① -9 ② -7 ③ -5 ④ 5

20 $f(x)=(\tan x+1)^3$ (단, $-\dfrac{\pi}{2}<x<\dfrac{\pi}{2}$)의 역함수가 $g(x)$라 한다. 이때, $\lim\limits_{x \to 1}\dfrac{\sin\pi x}{g(x)}$ 의 값은?

① 3π ② π ③ $-\pi$ ④ -3π

21 다음 |보기| 중 극한값이 e인 것만을 있는 대로 고른 것은?

─────── | 보 기 | ───────

ㄱ. $\lim\limits_{x \to 0}(\cos x)^{\frac{1}{1-\cos x}}$ ㄴ. $\lim\limits_{x \to -1}(x+2)^{\frac{1}{x+1}}$

ㄷ. $\lim\limits_{x \to -\infty}\left(1+\dfrac{1}{x}\right)^x$ ㄹ. $\lim\limits_{x \to \infty}\left(\dfrac{x-1}{x}\right)^{-x}$

① ㄱ, ㄷ   ② ㄴ, ㄹ   ③ ㄱ, ㄴ, ㄷ   ④ ㄴ, ㄷ, ㄹ

22 다음 |보기|의 극한값 중 가장 큰 것은?

──────────────── | 보 기 | ────────────────

ㄱ. $\lim\limits_{x\to 0}\dfrac{x-\sin x}{\tan x - x}$

ㄴ. $\lim\limits_{x\to \frac{\pi}{2}}\dfrac{\tan 3x}{\tan 5x}$

ㄷ. $\lim\limits_{x\to 0}(\cos x)^{\csc x}$

ㄹ. $\lim\limits_{x\to 0}\left(\dfrac{\sin x}{x}\right)^{\frac{1}{x^2}}$

① ㄱ　　　　　② ㄴ　　　　　③ ㄷ　　　　　④ ㄹ

23 $\left(x-\dfrac{\pi}{2}\right)^2\cos x=\sum\limits_{n=0}^{\infty}a_n\left(x-\dfrac{\pi}{2}\right)^n$ 일 때, a_5의 값은?

① $-\dfrac{1}{3!}$　　　　② 0　　　　③ $\dfrac{1}{3!}$　　　　④ 20

24 함수 $f(x)=\sin x$에 대하여 $x=\dfrac{\pi}{3}$에서 테일러 급수를 구할 때, $\left(x-\dfrac{\pi}{3}\right)^{2020}$ 의 계수를 구하면?

① $\dfrac{1}{2\cdot 2020!}$　　② $\dfrac{\sqrt{3}}{2\cdot 2020!}$　　③ $-\dfrac{1}{2\cdot 2020!}$　　④ $-\dfrac{\sqrt{3}}{2\cdot 2020!}$

25 함수 $f(x) = \dfrac{1}{1+2x}e^{x^2}$의 $x=0$에서의 테일러 급수를 $f(x) = \displaystyle\sum_{n=0}^{\infty} c_n x^n$이라고 할 때, c_5의 값을 구하시오.

① -9 ② 9 ③ -41 ④ 41

26 함수 $f(x) = \dfrac{2}{1+2x-x^2}$에 대한 $x=1$에서의 8차 테일러 다항식을 $P(x)$라 할 때, $P^{(6)}(1)$의 값을 구하시오.

① -45 ② 45 ③ -90 ④ 90

27 $f(x) = \sin\left(\tan^{-1}(x^2)\right)$ 의 $f^{(6)}(0)$ 의 값은?

① -360 ② -120 ③ $-\dfrac{1}{2}$ ④ $\dfrac{1}{2}$

28 $f(x) = \sum_{n=0}^{\infty} a_n x^n$ 가 $f'(x) = f(x) + x$, $f(0) = 1$이 성립할 때, $f^{(3)}(0)$의 값을 구하시오.

① $\dfrac{1}{3}$ ② $\dfrac{1}{2}$ ③ $\dfrac{3}{2}$ ④ 2

29 함수 $f(x) = {}_{10}C_1 x^1 + {}_{10}C_2 x^2 + \cdots + {}_{10}C_{10} x^{10}$에 대하여 $f\left(\dfrac{1}{2}\right)$의 값은? (단, ${}_nC_r = \dfrac{n!}{r!(n-r)!}$ 이다.)

① $\left(\dfrac{1}{2}\right)^{10} - 1$ ② $\left(\dfrac{1}{2}\right)^{10}$ ③ $\left(\dfrac{3}{2}\right)^{10} - 1$ ④ $\left(\dfrac{3}{2}\right)^{10}$

30 극한 $\displaystyle\lim_{x \to 0}\dfrac{1 - \cos(\sin^2(2x))}{x^4}$의 값은?

① 5 ② 6 ③ 7 ④ 8

31 함수 $f(x)=\begin{cases} \dfrac{\cos x^2-1}{x^3} & (x\neq 0) \\ 0 & (x=0) \end{cases}$ 에 대하여 $f^{(9)}(0)$의 값은?

   ① -504 ② $-\dfrac{1}{720}$ ③ 0 ④ $\dfrac{1}{720}$

32 함수 $f(x)=\begin{cases} \dfrac{2(e^{-x}-1+x)}{x^2} & (x\neq 0) \\ 1 & (x=0) \end{cases}$ 에 대하여 $f'''(0)$의 값은?

   ① $-\dfrac{1}{60}$ ② $-\dfrac{1}{20}$ ③ $-\dfrac{1}{10}$ ④ $\dfrac{1}{10}$

33 구간 $[3,5]$에서 함수 $f(x)=\sqrt{x}$ 의 근삿값을 $a=4$에서의 2차 테일러 다항식을 이용하여 구할 때, 테일러 부등식에 의한 오차의 한계로 가장 적절한 것은? (단, $\dfrac{1}{3^{5/2}}\simeq 0.064$, $\dfrac{1}{4^{5/2}}\simeq 0.031$, $\dfrac{1}{5^{5/2}}\simeq 0.018$이다.)

   ① 0.003 ② 0.004 ③ 0.005 ④ 0.006

05

미분의 응용 (2)

출제 비중 & 빈출 키워드 리포트

단원	출제 비중	✓합계 17%	빈출 키워드
1. 함수의 그래프		7%	· 함수의 극대, 극소
2. 최댓값과 최솟값		7%	· 변곡점
3. 시간에 대한 변화율		3%	· 함수의 최댓값과 최솟값
			· 시간에 대한 길이, 넓이, 부피의 변화율
			· 속도와 가속도

1 함수의 그래프

1. 증가함수와 감소함수

(1) 정의

임의의 구간 I에서 정의된 함수 $f(x)$와 $x_1, x_2 \in I$에 대하여

① $x_1 < x_2 \Rightarrow f(x_1) \leq f(x_2)$가 성립하면 "$f$가 I에서 단조증가한다."라고 말한다.

② $x_1 < x_2 \Rightarrow f(x_1) \geq f(x_2)$가 성립하면 "$f$가 I에서 단조감소한다."라고 말한다.

③ $x_1 < x_2 \Rightarrow f(x_1) < f(x_2)$가 성립하면 "$f$가 I에서 순증가한다."라고 말한다.

④ $x_1 < x_2 \Rightarrow f(x_1) > f(x_2)$가 성립하면 "$f$가 I에서 순감소한다."라고 말한다.

(2) 예시

임의의 실수보다 작거나 같은 가장 큰 정수를 함숫값으로 갖는 최대정수함수의 그래프는 아래와 같다. 이 함수의 그래프는 x값이 증가함에 따라 y값도 함께 증가하는 단조증가 함수이다.

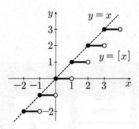

(3) 증가, 감소에 관한 정리

함수 f가 구간 I에서 미분가능하다고 할 때

① I에서 함수 f가 단조증가한다. $\Leftrightarrow$ 구간 I의 모든 점에서 $f'(x) \geq 0$

② I에서 함수 f가 단조감소한다. $\Leftrightarrow$ 구간 I의 모든 점에서 $f'(x) \leq 0$

③ I의 모든 점에서 $f'(x) > 0$이면 f는 구간 I에서 순증가한다.

④ I의 모든 점에서 $f'(x) < 0$이면 f는 구간 I에서 순감소한다.

2. 그래프의 오목과 볼록

(1) $y = f(x)$의 도함수와 그래프의 오목, 볼록

미분가능한 함수 $y = f(x)$의 그래프는
① 개구간 I에서 f'이 증가하면 그래프는 위로 오목하다(아래로 볼록).
② 개구간 I에서 f'이 감소하면 그래프는 아래로 오목하다(위로 볼록).

(2) $y = f(x)$의 2계 도함수와 그래프의 오목, 볼록

함수 $y = f(x)$가 구간 I에서 두 번 미분가능하면
① 구간 I에서 $f'' > 0$일 때, f의 그래프는 위로 오목하다(아래로 볼록).
② 구간 I에서 $f'' < 0$일 때, f의 그래프는 아래로 오목하다(위로 볼록).

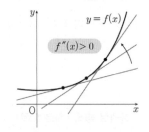 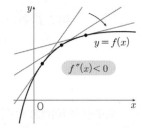

③ 예시

$y = x^3$에서 $y'' = 6x$이므로 $(-\infty, 0)$에서 아래로 오목하고, $(0, \infty)$에서 위로 오목하다.

(3) 옌센 부등식

실수의 구간에서 정의된 함수 f가 아래로 볼록한 함수라고 할 때, $x_1, x_2, \cdots, x_n$이 구간 내의 점이고, 0보다 큰 실수 $t_1, t_2, \cdots, t_n$의 합이 1이라고 하면 다음 부등식이 성립한다.

$$f(t_1 x_1 + \cdots + t_n x_n) \leq t_1 f(x_1) + \cdots + t_n f(x_n)$$

f가 위로 볼록함수라고 하면 다음 부등식이 성립한다.

$$f(t_1 x_1 + \cdots + t_n x_n) \geq t_1 f(x_1) + \cdots + t_n f(x_n)$$

위로 볼록(아래로 오목)	아래로 볼록(위로 오목)
$f\left(\dfrac{x_1 + x_2}{2}\right) \geq \dfrac{f(x_1) + f(x_2)}{2}$	$f\left(\dfrac{x_1 + x_2}{2}\right) \leq \dfrac{f(x_1) + f(x_2)}{2}$
$f\left(\dfrac{x_1 + x_2 + x_3}{3}\right) \geq \dfrac{f(x_1) + f(x_2) + f(x_3)}{3}$	$f\left(\dfrac{x_1 + x_2 + x_3}{3}\right) \leq \dfrac{f(x_1) + f(x_2) + f(x_3)}{3}$

TIP ▶ 옌센의 부등식은 연속함수 $f(x)$의 위로 볼록과 아래로 볼록의 다른 표현으로, 미분가능한 함수 또는 미분불가능한 함수 모두에서 쓸 수 있는 표현이다.

3. 미분가능한 함수 $f(x)$에 대하여 $x = a$ 에서의 그래프 상태

(1) 증가상태와 감소상태의 구분

① 증가상태: $f'(a) > 0$

② 감소상태: $f'(a) < 0$

(2) 증가상태

구분	위로 볼록 (아래로 오목)	아래로 볼록 (위로 오목)
그래프 개형		
판별기준	$f'(a) > 0$ 이고 $f''(a) < 0$	$f'(a) > 0$ 이고 $f''(a) > 0$

(3) 감소상태

구분	위로 볼록 (아래로 오목)	아래로 볼록 (위로 오목)
그래프 개형		
판별기준	$f'(a) < 0$ 이고 $f''(a) < 0$	$f'(a) < 0$ 이고 $f''(a) > 0$

TIP▶ ① 구간 I에서 함수 f의 그래프가 모든 접선보다 위에 놓여 있으면 f는 위로 오목(아래로 볼록)하다.
② 구간 I에서 함수 f의 그래프가 모든 접선보다 아래에 놓여 있으면 f는 위로 볼록(아래로 오목)하다.

4. 임계점

(1) 정의

함수 f에서 $f'(c) = 0$ 이거나 $f'(c)$가 존재하지 않는 f의 정의역에 속하는 수 c를 함수 f의 임계점 또는 임계수라 한다. 쉽게 설명하면 극대/극소를 가질 수 있는 정의역의 점들의 후보라 할 수 있다.

(2) 극대, 극소

① 극대: c를 포함하는 어떤 개구간에 속하는 모든 x에 대하여 $f(c) \geq f(x)$일 때, f는 c에서 극대를 갖는다고 한다. 이때, 점 c를 중심으로 기울기가 양수에서 음수로 바뀌게 된다.

즉, $\lim_{x \to c-} f'(x) > 0$ 에서 $\lim_{x \to c+} f'(x) < 0$으로 변화되는 점 c를 극대라 한다. 이때, c에서 반드시 미분가능할 필요는 없다.

② 극소: c를 포함하는 어떤 개구간에 속하는 모든 x에 대하여 $f(c) \leq f(x)$일 때, f는 c에서 극소를 갖는다고 한다. 이때, 점 c를 중심으로 기울기가 음수에서 양수로 바뀌게 된다.

즉, $\lim_{x \to c-} f'(x) < 0$ 에서 $\lim_{x \to c+} f'(x) > 0$으로 변화되는 점 c를 극소라 한다. 이때, c에서 반드시 미분가능할 필요는 없다.

TIP▶ f가 c에서 극대나 극소이면 c는 f의 임계점이다.

(3) 페르마 정리

f가 c에서 극대 또는 극소이고 $f'(c)$가 존재하면 $f'(c) = 0$이다.

TIP ▶ ① $f'(c) = 0$을 만족한다고 해서 항상 $x = c$에서 극대/극소가 되는 것은 아니다.

예를 들어, $f(x) = x^3$에서 $x = 0$일 때 $f'(0) = 0$이지만 극대/극소가 아니다.

② 연속인 함수 $f(x)$가 $x = c$에서 미분가능하지 않을 때도 $x = c$에서 극값을 가질 수 있다.

예를 들면, $f(x) = |x|$, $f(x) = x^{\frac{2}{3}}$가 그 예이다.

③ $x = c$에서 $f'(c) = 0$을 만족하는 임계점의 극대/극소를 판단하려면 이계 도함수까지 구할 필요 없이 그래프의 개형을 그려서 확인할 수 있다. 이에 대한 연습을 충분히 해야 한다.

④ $x = c$에서 $f'(c)$가 존재하지 않을 때, 임계점에서의 극대/극소는 $\lim\limits_{x \to c-} f'(x)$와 $\lim\limits_{x \to c+} f'(x)$로 판단할 수 있다.

(4) 도함수를 이용한 극대, 극소 판정

① 1계 도함수 판정법

연속함수 $f(x)$의 임계점 c에 대해 $f(x)$가 c를 포함하는 개구간 (a, b)에서 미분가능하다고 할 때

- $x < c$에서 $f'(x) > 0$이고 $x > c$에서 $f'(x) < 0$이면 함수 $f(x)$는 $x = c$에서 극댓값을 갖는다.
- $x < c$에서 $f'(x) < 0$이고 $x > c$에서 $f'(x) > 0$이면 함수 $f(x)$는 $x = c$에서 극솟값을 갖는다.
- $x < c$와 $x > c$에서 $f'(x)$의 부호가 바뀌지 않으면, 함수 $f(x)$는 $x = c$에서 극값을 갖지 않는다.

② 2계 도함수 판정법

함수 $f(x)$가 c를 포함하는 개구간에서 연속인 이계 도함수를 가지고 $f'(c) = 0$일 때

- $f''(c) < 0$이면 $f(x)$는 $x = c$에서 극댓값을 가진다.
- $f''(c) > 0$이면 $f(x)$는 $x = c$에서 극솟값을 가진다.

(5) 미분가능한 함수에서의 극대/극소의 그래프 개형(2계 도함수 판정)

구분	극대	극소
그래프 개형		
판별기준	$f'(c) = 0$ 이고 $f''(c) < 0$	$f'(c) = 0$ 이고 $f''(c) > 0$

5. 변곡점

(1) 정의: 함수의 그래프 위의 점으로 접선이 존재하고 오목·볼록한 상태가 바뀌는 점

(2) 함수 $f(x)$에서의 변곡점 판정법

① $f''(a) = 0$ 또는 $f''(a)$가 존재하지 않는 정의역 상의 점 a를 찾는다.

② a의 좌우에서 $f''(x)$의 부호가 바뀌는 점 $(a, f(a))$가 변곡점이다.

(3) 함수 $y = f(x)$에서 $f''(a) = 0$일 때의 변곡점 판정

구분	변곡점
그래프 개형	
판별기준	$f''(a) = 0$ 이면서 $x = a$에서 $\lim\limits_{x \to a+} f''(x) \cdot \lim\limits_{x \to a-} f''(x) < 0$

6. 점근선

(1) 정의: 선 위의 점이 원점에서 멀어짐에 따라 어떤 직선에 한없이 가까워질 때의 직선을 말한다.

(2) 점근선의 종류

① 수평점근선 : $\lim\limits_{x \to \pm\infty} f(x) = b$이면 $y = b$

② 수직점근선 : $\lim\limits_{x \to a} f(x) = \pm\infty$이면 $x = a$

③ 사점근선 : $\lim\limits_{x \to \pm\infty} \{f(x) - (ax + b)\} = 0$이면 $y = ax + b$

(3) 다항함수에서 점근선 구하는 방법

① 수평점근선: 함수를 x에 대한 내림차순으로 정렬한 후, x의 최고차항의 계수를 0으로 만들게 하는 함수식을 찾는다. 만약, y값이 존재하지 않는다면 수평점근선은 존재하지 않는다.

② 수직점근선: 함수를 y에 대한 내림차순으로 정렬한 후, y의 최고차항의 계수를 0으로 만들게 하는 함수식을 찾는다. 만약, x값이 존재하지 않는다면 수직점근선은 존재하지 않는다.

③ 사점근선: $y = ax + b$의 형태를 원식에 넣어 정리하여 수평 또는 수직의 형태로 정리 후 a, b 값을 계산한다.

(4) 예시

$x \in [0, \infty)$일 때, 곡선 $y = \dfrac{3x^2}{x^2 - 1}$ 에 대하여 $\lim\limits_{x \to \infty} \dfrac{3x^2}{x^2 - 1} = 3$이므로

수평점근선은 $y = 3$, $y = \dfrac{3x^2}{(x-1)(x+1)}$에서 수직점근선은 $x = 1$이다.

7. 함수의 그래프 개형을 그리는 방법과 활용

(1) 그래프 그리기

① 극값(극대/극소)을 구한다.

② x절편과 y절편을 구한다.($f(x)=0$, $f(0)=y$을 만족하는 x, y값)

③ x의 정의역을 구분하여 구간별 좌/우 극한값, $\lim\limits_{x \to \infty} f(x)$, $\lim\limits_{x \to -\infty} f(x)$, 점근선을 구한다.

④ 오목, 볼록, 변곡점을 판정한다.

⑤ 그래프를 그린다.

(2) 방정식 활용

방정식 $f(x)=0$의 실근 $x=a$는 함수 $y=f(x)$의 그래프와 직선 $y=0$, 즉 x축과의 교점의 x좌표이다. 따라서, 방정식 $f(x)=0$의 실근의 개수는 곡선 $y=f(x)$와 x축과의 교점의 개수와 같다. 마찬가지로 방정식 $f(x)=g(x)$의 실근의 개수는 두 곡선 $y=f(x)$와 $y=g(x)$의 교점의 개수와 같다.

(3) 부등식 활용

어떤 구간에서 부등식 $f(x) \geq 0$이 성립하는 것을 증명할 때는 주어진 구간에서 함수 $f(x)$의 최솟값이 0보다 크거나 같음을 보이면 된다. 또한, 어떤 구간에서 부등식 $f(x) \geq g(x)$가 성립하는 것을 증명할 때는 $h(x)=f(x)-g(x)$라 하고, 주어진 구간에서 함수 $h(x)$의 최솟값이 0보다 크거나 같음을 보이면 된다.

01

함수 $f(x) = x^3 + ax^2 + 12x + 5$가 실수 전체의 집합에서 증가하도록 하는 실수 a의 최댓값을 구하시오.

① 0   ② 6   ③ 36   ④ 216

공략 포인트

증가함수
$f'(x) \geq 0$
이차방정식이 0 이상이려면 판별식 활용 결과 0 이하이어야 한다.

풀이

함수가 실수 전체의 집합에서 증가하려면 $f'(x) \geq 0$이어야 한다.

$\therefore f'(x) = 3x^2 + 2ax + 12 \geq 0$이므로

이차방정식의 판별식을 활용하면

$a^2 - 36 \leq 0 \Leftrightarrow -6 \leq a \leq 6$이면 $f(x)$가 실수 전체의 집합에서 증가하게 된다.

즉, $f(x)$가 실수 전체에서 증가하기 위한 실수 a의 최댓값은 6이다.

TIP ▶ 이차방정식$(ax^2 + bx + c = 0)$ 의 판별식 $D = b^2 - 4ac$

(i) $D > 0$: 서로 다른 두 실근

(ii) $D = 0$: 중근

(iii) $D < 0$: 서로 다른 두 허근

정답 ②

02

각 함수의 주어진 구간에 속하는 임의의 두 점 a와 b에 대하여 $f\left(\dfrac{a+b}{2}\right) \leq \dfrac{f(a) + f(b)}{2}$ 를 만족하는

함수는?

─────── **| 보 기 |** ───────

ㄱ. $f(x) = 3x^2 - 12x + 10$, $[0, 4]$ ㄴ. $g(x) = -\cosh x$, $[-1, 1]$

ㄷ. $h(x) = \ln(\cos x)$, $\left(0, \dfrac{\pi}{2}\right)$ ㄹ. $k(x) = x + 2\cos x$, $\left(\dfrac{\pi}{6}, \dfrac{\pi}{2}\right)$

① ㄱ   ② ㄴ   ③ ㄷ   ④ ㄹ

공략 포인트

'아래로 볼록' 판단
1) 옌센 부등식
$f\left(\dfrac{a+b}{2}\right) \leq \dfrac{f(a) + f(b)}{2}$
2) 1계 도함수가 구간에서 증가
3) 2계 도함수가 구간에서 0보다 큰 경우

풀이

주어진 조건은 $f\left(\dfrac{a+b}{2}\right) \leq \dfrac{f(a) + f(b)}{2}$이므로 f는 아래로 볼록한 함수이다.

ㄱ. $f'(x) = 6(x-2)$, $f''(x) = 6$

(i) $x < 2$일 때, $f'(x) < 0$, $f''(x) > 0$이므로 아래로 볼록

(ii) $x > 2$일 때, $f'(x) > 0$, $f''(x) > 0$이므로 아래로 볼록

즉, 함수 $f(x)$는 아래로 볼록한 함수이다.

ㄴ. $g'(x) = -\sinh x$, $g''(x) = -\cosh x < 0$ $([-1, 1])$이므로 함수 $g(x)$는 위로 볼록하다.

ㄷ. $h'(x) = -\dfrac{\sin x}{\cos x} = -\tan x$이고, $h''(x) = -\sec^2 x$ $\left(0, \dfrac{\pi}{2}\right)$일 때, $h'(x) < 0$, $h''(x) < 0$ 이다.

따라서 함수 $h(x)$는 위로 볼록하다.

ㄹ. $k'(x) = 1 - 2\sin x < 0$, $k''(x) = -2\cos x < 0$ $\left(\dfrac{\pi}{6}, \dfrac{\pi}{2}\right)$ 이므로 함수 $k(x)$는 위로 볼록하다.

정답 ①

03

$f(x)=x^2 e^{-x}$이 극댓값을 갖는 x좌표를 구하시오.

① $x=0$　　　② $x=1$　　　③ $x=2$　　　④ $x=3$

극댓점
임계점을 중심으로 기울기가 양수에서 음수로 바뀌는 점

극솟점
임계점을 중심으로 기울기가 음수에서 양수로 바뀌는 점

풀이

$f'(x)=2xe^{-x}-x^2 e^{-x}=xe^{-x}(2-x)$이므로 증감표는 다음과 같다.

x	$\cdots$	0	$\cdots$	2	$\cdots$
f'	$-$	0	$+$	0	$-$
f	$\searrow$	0	$\nearrow$	$\dfrac{4}{e^2}$	$\searrow$

따라서 $x=0$일 때 극소, $x=2$일 때 극대이다.

정답 ③

04

$f(x)=2\cos x+\sin 2x(0 \leq x \leq \pi)$의 극솟값을 a, 극댓값을 b라고 할 때, $b-a$의 값을 구하시오.

① $2\sqrt{3}$　　② $-\dfrac{3\sqrt{3}}{2}$　　③ $\dfrac{3\sqrt{3}}{2}$　　④ $3\sqrt{3}$

임계점
함수 f에서 $f'(c)=0$이거나 $f'(c)$가 존재하지 않는 f의 정의역에 속하는 수 c

극댓점(2계 도함수 판정)
$f'(c)=0$일 때
$f''(c)<0$인 경우의 임계점 c

극솟점(2계 도함수 판정)
$f'(c)=0$일 때
$f''(c)>0$인 경우의 임계점 c

풀이

$f'(x)=-2\sin x+2\cos 2x=-2\sin x+2(1-2\sin^2 x)=-2\sin x+2-4\sin^2 x=-2(2\sin^2 x+\sin x-1)$
$\qquad =-2(2\sin x-1)(\sin x+1)$

이므로 $\sin x=\dfrac{1}{2}$, $\sin x=-1$일 때 임계점을 갖는다.

즉 $x=\dfrac{\pi}{6}$, $x=\dfrac{5}{6}\pi$에서 임계점을 갖는다.

$f''(x)=-2\cos x-4\sin 2x=-2\cos x-8\sin x\cos x=-2\cos x(1+4\sin x)$이고, $f''\left(\dfrac{\pi}{6}\right)<0$이므로

$x=\dfrac{\pi}{6}$에서 극댓값을 갖는다.

$f\left(\dfrac{\pi}{6}\right)=\sqrt{3}+\dfrac{\sqrt{3}}{2}=\dfrac{3\sqrt{3}}{2}=b$

$f''\left(\dfrac{5}{6}\pi\right)>0$이므로 $x=\dfrac{5}{6}\pi$에서 극솟값을 갖는다.

$f\left(\dfrac{5}{6}\pi\right)=-\sqrt{3}-\dfrac{\sqrt{3}}{2}=-\dfrac{3\sqrt{3}}{2}=a$

그러므로 $b-a=\dfrac{3\sqrt{3}}{2}-\left(-\dfrac{3\sqrt{3}}{2}\right)=3\sqrt{3}$이다.

TIP ▶ 삼각함수의 배각 공식
$\cos 2x=\cos^2 x-\sin^2 x=1-2\sin^2 x=2\cos^2 x-1$

정답 ④

05

함수 $f(x)$의 이계 도함수가 $f''(x) = x^6 - 4x^4$일 때, 변곡점은 모두 몇 개인가?

① 1개   ② 2개   ③ 3개   ④ 4개

공략 포인트

변곡점은 오목과 볼록한 상태가 바뀌는 점으로 다음과 같은 특징이 있다.
1) $f''(a) = 0$ 또는 $f''(a)$가 존재하지 않는 정의역 상의 점 a
2) a의 좌우에서 $f''(x)$의 부호가 바뀌는 점 a

풀이

$f''(x) = x^4(x+2)(x-2)$이고

(i) $\lim\limits_{x \to 2-} f''(x) \lim\limits_{x \to 2+} f''(x) < 0$이므로 $x = 2$에서 변곡점을 갖는다.

(ii) $\lim\limits_{x \to 0-} f''(x) \lim\limits_{x \to 0+} f''(x) > 0$이므로 $x = 0$에서 변곡점이 아니다.

(iii) $\lim\limits_{x \to -2-} f''(x) \lim\limits_{x \to -2+} f''(x) < 0$이므로 $x = -2$에서 변곡점을 갖는다.

따라서 함수 $f(x)$의 변곡점 개수는 2개다.

정답 ②

06

$y = \dfrac{2x^3 + 2x^2 - x + 1}{x^2 - 1}$ 그래프의 점근선 중 수직 또는 수평점근선이 <u>아닌</u> 점근선은?

① $y = x + 1$ ② $y = -x - 1$ ③ $y = 2x + 2$ ④ $y = 2x - 1$

공략 포인트

사점근선
$y = ax + b$의 형태로, 점근선 중 수직 또는 수평점근선이 아닌 점근선을 말한다.

풀이

점근선 중 수직 또는 수평점근선이 아닌 점근선은 사점근선이다.
사점근선을 $y = ax + b$라고 가정하면

$ax + b = \dfrac{2x^3 + 2x^2 - x + 1}{x^2 - 1} \Rightarrow (ax + b)(x^2 - 1) - 2x^3 - 2x^2 + \dots = 0$

$\Rightarrow (ax^3 + bx^2 + \cdots) - 2x^3 - 2x^2 + \cdots = 0$

$\Leftrightarrow (a - 2)x^3 + (b - 2)x^2 + \dots = 0$

이므로 $a = b = 2$이다.
따라서 사점근선의 식은 $y = 2x + 2$이다.

정답 ③

07

실수 전체에서 정의된 함수 $f(x) = 3x^4 - 8x^3 - 6x^2 + 24x + 9$ 에 대하여 $f(x) = 0$의 실근의 개수를 구하시오.

① 1   ② 2   ③ 3   ④ 4

공략 포인트 ◎

그래프 개형 문제 풀이 순서
1) 극값을 구한다.
2) x절편과 y절편을 구한다.
3) 좌/우 극한값, 점근선 등을 구한다.
4) 오목, 볼록, 변곡점을 판정한다.
5) 그래프를 그린다.

풀이

$f'(x) = 12x^3 - 24x^2 - 12x + 24 = 12(x+1)(x-1)(x-2) = 0$
∴ $x = -1, 1, 2$에서 극값을 갖는다.

	$\cdots$	-1	$\cdots$	1	$\cdots$	2	$\cdots$
$f'(x)$	$-$	0	$+$	0	$-$	0	$+$
$f(x)$		-10		22		17	
	↘	극소	↗	극대	↘	극소	↗

그래프 개형을 그리면 아래와 같다.

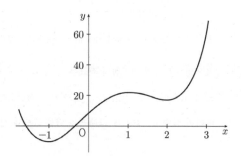

따라서 실근의 개수는 2이다.

정답 ②

08

유리함수 $y = \dfrac{x}{x^2+1}$ 의 그래프를 그리시오.

공략 포인트

그래프 개형 문제 풀이 순서
1) 극값을 구한다.
2) x절편과 y절편을 구한다.
3) 좌/우 극한값, 점근선 등을 구한다.
4) 오목, 볼록, 변곡점을 판정한다.
5) 그래프를 그린다.

풀이

$y'(x) = \dfrac{-x^2+1}{(x^2+1)^2} = -\dfrac{(x+1)(x-1)}{(x^2+1)^2}$ 이므로 $y'(x)=0$에서 $x=-1$ 또는 $x=1$

$y''(x) = \dfrac{2x^3-6x}{(x^2+1)^3} = \dfrac{2x(x+\sqrt{3})(x-\sqrt{3})}{(x^2+1)^3}$ 이므로 $y''(x)=0$에서 $x=-\sqrt{3}$ 또는 $x=0$ 또는 $x=\sqrt{3}$

함수의 증가와 감소를 표로 나타내면 다음과 같다.

x	$\cdots$	$-\sqrt{3}$	$\cdots$	-1	$\cdots$	0	$\cdots$	1	$\cdots$	$\sqrt{3}$	$\cdots$
y'	$-$	$-$	$-$	0	$+$	$+$	$+$	0	$-$	$-$	$-$
y''	$-$	0	$+$	$+$	$+$	0	$-$	$-$	$-$	0	$+$
y	$\searrow$	$-\dfrac{\sqrt{3}}{4}$	$\searrow$	$-\dfrac{1}{2}$	$\nearrow$	0	$\nearrow$	$\dfrac{1}{2}$	$\searrow$	$\dfrac{\sqrt{3}}{4}$	$\searrow$

함수 $f(x)$는 $x=-1$에서 극솟값 $-\dfrac{1}{2}$, $x=1$에서 극댓값 $\dfrac{1}{2}$을 갖고,

곡선 $y=f(x)$의 변곡점의 좌표는 $\left(-\sqrt{3}, -\dfrac{\sqrt{3}}{4}\right)$, $(0, 0)$, $\left(\sqrt{3}, \dfrac{\sqrt{3}}{4}\right)$이다.

또 $\lim\limits_{x \to \infty} f(x) = 0$, $\lim\limits_{x \to -\infty} f(x) = 0$이므로 점근선은 x축이다.

따라서 함수 $y=f(x)$의 그래프는 다음 그림과 같다.

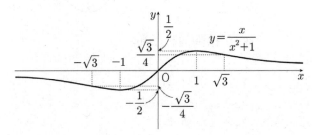

정답 풀이 참조

2 최댓값과 최솟값

1. 함수의 최댓값과 최솟값

(1) 정의
① 최댓값: 함수 $f(x)$가 폐구간 $[a, b]$ 또는 모든 실수 범위에서 연속일 때, 가장 큰 함숫값
② 최솟값: 함수 $f(x)$가 폐구간 $[a, b]$ 또는 모든 실수 범위에서 연속일 때, 가장 작은 함숫값

(2) 최대/최소 값을 구하는 문제의 풀이 방법
① (a, b)에 있는 f의 임계점에서 f의 값을 구한다.
② 양 끝점에서의 함숫값을 구한다.
③ ①, ②에서 가장 큰 값이 최댓값이고 가장 작은 값이 최솟값이다.

(3) 최대/최소 정리(극값 정리)
유계인 폐구간 $[a, b]$에서 연속인 함수 f는 이 구간에서 반드시 최댓값 및 최솟값을 갖는다.

TIP ▶ 연속함수 $f(x)$가 폐구간 $[a, b]$에서 오직 하나의 극값을 가질 때
- 극값이 극댓값이면 (극댓값)=(최댓값)
- 극값이 극솟값이면 (극솟값)=(최솟값)

TIP ▶ 산술/기하 평균
- $a > 0$, $b > 0$일 때, $\dfrac{a+b}{2} \geq \sqrt{ab}$ (단, 등호는 $a = b$일 때 성립)
- $a > 0$, $b > 0$, $c > 0$에 대하여 $\dfrac{a+b+c}{3} \geq \sqrt[3]{abc}$ (단, 등호는 $a = b = c$일 때 성립)

01

구간 $[0, 3]$에서 $f(x) = \dfrac{x}{1+x^2}$의 최댓값과 최솟값이 각각 바르게 짝지어진 것은?

① 최댓값: $\dfrac{3}{10}$, 최솟값: $\dfrac{1}{5}$ ② 최댓값: $\dfrac{1}{2}$, 최솟값: 0

③ 최댓값: $\dfrac{\sqrt{3}}{4}$, 최솟값: $\dfrac{1}{4}$ ④ 최댓값: $\dfrac{2}{5}$, 최솟값: $\dfrac{1}{5}$

공략 포인트

1) 최대/최소 문제는 함수의 경계점, 임계점, 미분 불능점의 함숫값을 구한다.
2) 최댓값은 이들 중 가장 큰 값을 선정한다.
3) 최솟값은 이들 중 가장 작은 값을 선정한다.

풀이

(i) 정의역 내의 극값

$$f'(x) = \frac{1+x^2 - x(2x)}{(1+x^2)^2} = \frac{1-x^2}{(1+x^2)^2} = 0$$을 만족하는 x의 값은 $1 - x^2 = 0 \Leftrightarrow x = 1$이다. $(\because 0 \leq x \leq 3)$

이때의 극값(함숫값)을 구해보면 $f(1) = \dfrac{1}{2}$이다.

(ii) 정의역 양 끝점

$$f(0) = 0, \ f(3) = \frac{3}{10}$$

(i), (ii)에서 구한 함숫값 $0, \dfrac{3}{10}, \dfrac{1}{2}$ 중에서 최댓값은 $\dfrac{1}{2}$이고, 최솟값은 0이다.

정답 ②

02

$0 \leq x \leq \pi$일 때 함수 $f(x) = x + \sin 2x$의 최댓값을 구하시오.

① π ② $\dfrac{2\pi}{3} + 1$ ③ $\pi + 2$ ④ $\dfrac{2\pi}{3} + \sqrt{3}$

공략 포인트

최댓값을 구하는 문제는 함수의 경계점, 임계점, 미분 불능점의 함숫값을 구한다. 그중 가장 큰 값을 선정한다.

풀이

(i) 정의역 내의 극값

$f'(x) = 1 + 2\cos 2x = 0$을 만족하는 x의 값은

$2x = \dfrac{2}{3}\pi \Leftrightarrow x = \dfrac{\pi}{3}$, $2x = \dfrac{4}{3}\pi \Leftrightarrow x = \dfrac{2\pi}{3}$이다.

이때의 극값(함숫값)을 구해보면

$f\left(\dfrac{\pi}{3}\right) = \dfrac{\pi}{3} + \dfrac{\sqrt{3}}{2}$, $f\left(\dfrac{2\pi}{3}\right) = \dfrac{2\pi}{3} - \dfrac{\sqrt{3}}{2}$이다.

(ii) 정의역 양 끝점

$f(0) = 0, \ f(\pi) = \pi$

(i), (ii)에서 구한 함숫값 $0, \ \pi, \ \dfrac{\pi}{3} + \dfrac{\sqrt{3}}{2}, \ \dfrac{2\pi}{3} - \dfrac{\sqrt{3}}{2}$ 중에서 가장 큰 값은 π이다.

정답 ①

03

점 P는 포물선 $y = \dfrac{x^4}{16} + 5$ 위의 점이고, 점 Q는 직선 $y = 2x - 1$ 위의 점이다. 두 점 P와 Q

사이의 거리의 최솟값은?

① $\dfrac{3\sqrt{5}}{5}$　　　② $\dfrac{7\sqrt{5}}{5}$　　　③ $\dfrac{5\sqrt{5}}{3}$　　　④ $\dfrac{2}{\sqrt{5}}$

공략 포인트 ◎

기울기가 같은 두 직선 위의 점 사이 거리가 최소가 된다.

풀이

포물선 $y = \dfrac{x^4}{16} + 5$에서 접선의 기울기가 2인 점이 P가 될 때 점 Q 사이와의 거리가 최솟값이 된다.

$y' = \dfrac{1}{4}x^3 = 2$를 만족하는 $x = 2$이다.

포물선 위의 점이므로 이를 대입하면 점 P는 $(2, 6)$이다.
$P(2, 6)$과 직선 $2x - y - 1 = 0$ 사이의 거리는 다음과 같다.

$$d = \dfrac{|4 - 6 - 1|}{\sqrt{(2)^2 + (-1)^2}} = \dfrac{3\sqrt{5}}{5}$$

TIP ▶ 점 (x_1, y_1)과 직선 $ax + by + c = 0$ 사이의 거리 공식

$$d = \dfrac{|ax_1 + by_1 + c|}{\sqrt{a^2 + b^2}}$$

정답 ①

3 시간에 대한 변화율

1. 속도와 가속도

(1) **수직선 위를 움직이는 점 P의 시각 t에서의 좌표 x가 $x = f(t)$일 때**

① 시각 t에서의 속도 v: 시간에 대한 거리의 순간변화율 $\quad v = \lim\limits_{\Delta t \to 0} \dfrac{\Delta x}{\Delta t} = \dfrac{dx}{dt} = f'(t)$

② 시각 t에서의 가속도 a: 시간에 대한 속도의 순간변화율 $\quad a = \lim\limits_{\Delta t \to 0} \dfrac{\Delta v}{\Delta t} = \dfrac{dv}{dt} = v'(t) = f''(t)$

(2) **좌표평면 위를 움직이는 점 P의 시각 t에서의 위치 (x,y)가 $x = f(t)$, $y = g(t)$일 때**

① 시각 t에서의 점 P의 속도 $\vec{v}$와 속력(속도의 크기) $|\vec{v}|$

- $\vec{v} = \left(\dfrac{dx}{dt},\ \dfrac{dy}{dt} \right) = (f'(t),\ g'(t))$
- $|\vec{v}| = \sqrt{\left(\dfrac{dx}{dt} \right)^2 + \left(\dfrac{dy}{dt} \right)^2} = \sqrt{\{f'(t)\}^2 + \{g'(t)\}^2}$

② 시각 t에서의 점 P의 가속도 $\vec{a}$와 가속도의 크기 $|\vec{a}|$

- $\vec{a} = \left(\dfrac{d^2x}{dt^2},\ \dfrac{d^2y}{dt^2} \right) = (f''(t),\ g''(t))$
- $|\vec{a}| = \sqrt{\left(\dfrac{d^2x}{dt^2} \right)^2 + \left(\dfrac{d^2y}{dt^2} \right)^2} = \sqrt{\{f''(t)\}^2 + \{g''(t)\}^2}$

TIP ▶ 속도의 방향은 고려하지 않고 그 크기만을 나타내는 값을 속력이라고 하며, 속도의 크기인 $|\vec{v}|$로 나타낸다.

2. 시간에 대한 변화율

(1) 도함수의 응용 문제에서 중요한 개념은 시간에 대한 어떤 양의 변화율을 계산하는 것이다.

(2) **길이, 넓이, 부피의 변화율**

시각 t에서 길이가 l인 도형과 넓이가 S인 도형, 부피가 V인 도형이 Δt초 경과한 후에 각각 길이가 Δl, 넓이가 ΔS, 부피가 ΔV만큼 변했다면 시각 t에서의 길이, 넓이, 부피의 변화율은 다음과 같다.

① 시각 t에서의 길이 l의 변화율 : $\lim\limits_{\Delta t \to 0} \dfrac{\Delta l}{\Delta t} = \dfrac{dl}{dt}$

② 시각 t에서의 넓이 S의 변화율 : $\lim\limits_{\Delta t \to 0} \dfrac{\Delta S}{\Delta t} = \dfrac{dS}{dt}$

③ 시각 t에서의 부피 V의 변화율 : $\lim\limits_{\Delta t \to 0} \dfrac{\Delta V}{\Delta t} = \dfrac{dV}{dt}$

TIP ▶ 문제 접근 순서

1단계: 무엇을 원하는지 찾는다.

2단계: 순간변화율이므로 언제? (문장에서 "~일 때"를 찾는다.)

3단계: 주어진 조건들을 찾아내서 그림으로 표현한다.

4단계: 1, 2, 3단계를 모두 포함하는 관계식을 찾는다.

5단계: 4단계의 관계식을 시간 t에 대하여 미분한 후, 1단계에서의 목표를 찾아낸다.

01

지면으로부터 $45\,$m의 위치에서 $40\,$m/초의 속도로 물체를 똑바로 위를 향하여 던졌을 때, 물체의 t초 후 높이를 $x\,$m라 하면 $x=45+40t-5t^2$인 관계가 성립한다고 한다. 이때, 다음 물음에 답하시오.

(1) 2초 후의 물체의 속도와 가속도를 구하시오.
(2) 이 물체가 도달할 수 있는 최고 높이를 구하시오.
(3) 이 물체가 지면에 떨어지는 순간의 속도를 구하시오.

공략 포인트

속도와 가속도(수직선)
1) 위치
$x=f(t)$
2) 속도
$v=\dfrac{dx}{dt}=f'(t)$
3) 가속도
$a=\dfrac{dv}{dt}=v'(t)=f''(t)$

풀이

물체의 높이 $x=45+40t-5t^2$에서 t초 후 속도를 v, 가속도를 a라 하면
$$v=\frac{dx}{dt}=40-10t,\ \ a=\frac{dv}{dt}=-10$$

(1) $t=2$일 때, 속도 $v=40-10\times2=20$(m/초), 가속도 $a=-10$(m/초^2)
(2) 물체가 최고 높이에 도달할 때의 속도는 0이므로
$40-10t=0$에서 $t=4$(초)이다.
따라서 $t=4$일 때의 높이는
$x=45+40\times4-5\times4^2=45+160-80=125$(m)
(3) 물체가 지면에 떨어지는 순간의 높이는 0이므로
$x=45+40t-5t^2=0$에서
$t^2-8t-9=0 \Leftrightarrow (t+1)(t-9)=0\ \therefore\ t=9\ (\because t>0)$
따라서 $t=9$일 때의 속도는
$v=40-10\times9=-50$(m/초)

정답 (1) 속도: 20(m/초), 가속도 -10(m/초^2) (2) 125(m) (3) -50(m/초)

02

좌표평면 위를 움직이는 점 P의 시각 t에서의 위치 $(x,\,y)$가 $x=3t+1$, $y=4t-t^2$이다. 점 P의 속력이 최소일 때의 시각을 구하시오.

① 2   ② 4   ③ 6   ④ 8

공략 포인트

속도와 가속도(좌표평면)
1) 위치 $(x,\,y)$
2) 속도 $\vec{v}=\left(\dfrac{dx}{dt},\,\dfrac{dy}{dt}\right)$
3) 속력
$|\vec{v}|=\sqrt{\left(\dfrac{dx}{dt}\right)^2+\left(\dfrac{dy}{dt}\right)^2}$

풀이

점 P의 시각 t에서의 속도를 $\vec{v}$라 하면 $\dfrac{dx}{dt}=3$, $\dfrac{dy}{dt}=4-2t$이므로 $\vec{v}=(3,\,4-2t)$이다.

점 P의 속력은 $|\vec{v}|=\sqrt{3^2+(4-2t)^2}=\sqrt{4t^2-16t+16+9}=\sqrt{4(t^2-4t+4)+9}=\sqrt{4(t-2)^2+9}$
따라서 $t=2$일 때 점 P의 속력이 최소이다.

정답 ①

03

좌표평면 위를 움직이는 점 P의 시각 t에서의 위치 (x, y)가 $x = \sqrt{17}\,t$, $y = t^3 - t$이다.

점 P의 속력이 9일 때의 가속도 크기를 구하시오.

① $\sqrt{3}$　　　　② $6\sqrt{3}$　　　　③ 9　　　　④ 3

공략 포인트

속도와 가속도(좌표평면)
1) 위치 (x, y)
2) 속도 $\vec{v} = \left(\dfrac{dx}{dt}, \dfrac{dy}{dt} \right)$
3) 속력
$|\vec{v}| = \sqrt{\left(\dfrac{dx}{dt}\right)^2 + \left(\dfrac{dy}{dt}\right)^2}$
4) 가속도 $\vec{a} = \left(\dfrac{d^2x}{dt^2}, \dfrac{d^2y}{dt^2} \right)$
5) 가속도의 크기
$|\vec{a}| = \sqrt{\left(\dfrac{d^2x}{dt^2}\right)^2 + \left(\dfrac{d^2y}{dt^2}\right)^2}$

풀이

점 P의 시각 t에서의 속도를 $\vec{v}$라 하면

$\dfrac{dx}{dt} = \sqrt{17}$, $\dfrac{dy}{dt} = 3t^2 - 1$이므로 $\vec{v} = (\sqrt{17}, 3t^2 - 1)$이다.

점 P의 속력이 9이므로

$|\vec{v}| = \sqrt{(\sqrt{17})^2 + (3t^2 - 1)^2} = 9$

$\Leftrightarrow 17 + 9t^4 - 6t^2 + 1 = 81 \Leftrightarrow 3t^4 - 2t^2 - 21 = 0$

짝수 근의 공식을 활용하면

$t^2 = \dfrac{1 \pm \sqrt{1^2 + 3 \cdot 21}}{3} = \dfrac{1 \pm 8}{3} = 3\ (\because t^2 > 0)$

$\therefore t = \sqrt{3}\ (\because t > 0)$

점 P의 시각 t에서의 가속도를 $\vec{a}$라 하면 $\dfrac{d^2x}{dt^2} = 0$, $\dfrac{d^2y}{dt^2} = 6t$이므로 $\vec{a} = (0, 6t)$이다.

따라서 $t = \sqrt{3}$에서의 점 P의 가속도는 $\vec{a} = (0, 6\sqrt{3})$이다.

즉, 구하고자 하는 가속도의 크기는 $|\vec{a}| = \sqrt{0 + (6\sqrt{3})^2} = 6\sqrt{3}$이다.

정답 ②

04

지면에 수직인 벽에 기대어 놓은 길이 3 m의 사다리가 있다. 이 사다리의 하단이 지면 위를 매초 10 cm의 속도로 움직여 벽에서 멀어지고 있다면 하단 끝부분이 벽에서 2m가 되는 순간 사다리 상단이 벽을 타고 미끄러지는 속력(m/s)은?

① 5　　　　② 3　　　　③ $\sqrt{5}$　　　　④ $\dfrac{1}{5\sqrt{5}}$

공략 포인트

'풀이'와 같이 미지수 x, y를 설정하여 관계식을 찾는다. 그리고 시간 t에 대해 미분하여 정답을 도출한다.

풀이

하단과 벽 사이의 거리(밑변)를 x, 상단과 지면 사이의 거리(높이)를 y로 놓으면

$\sqrt{x^2 + y^2} = 3 \Leftrightarrow x^2 + y^2 = 9$이다.

양변을 시간 t에 관하여 미분하면 $2x\dfrac{dx}{dt} + 2y\dfrac{dy}{dt} = 0$

$\therefore \dfrac{dy}{dt} = -\dfrac{x}{y}\dfrac{dx}{dt}$

사다리 하단이 벽을 타고 미끄러지는 속력은 $\dfrac{dx}{dt} = \dfrac{1}{10}$(m/s)이고,

$x = 2$일 때의 $\dfrac{dy}{dt}$를 구하면 된다.

피타고라스 정리에 의하여 $x = 2$일 때 $y = \sqrt{3^2 - 2^2} = \sqrt{5}$이므로

$\dfrac{dy}{dt} = -\dfrac{x}{y}\dfrac{dx}{dt} = -\dfrac{2}{\sqrt{5}} \times \dfrac{1}{10} = -\dfrac{1}{5\sqrt{5}}$(m/s)

따라서 사다리 상단이 벽을 타고 미끄러지는 속력은 $\dfrac{1}{5\sqrt{5}}$ (m/s)이다.

정답 ④

05

원통의 밑면의 반지름은 3 cm/sec의 일정한 속도로 증가하고, 높이는 4 cm/sec의 일정한 속도로 감소하고 있다. 반지름과 높이가 10 cm로 같게 되는 순간 원통 부피의 변화율은?

① 100π cm^3/sec

② 200π cm^3/sec

③ 300π cm^3/sec

④ 400π cm^3/sec

공략 포인트 ◎

시간에 대한 원통(원기둥) 부피의 변화율을 구하기 위해 관계식을 시간 t에 대하여 미분한다. 그리고 필요한 순간변화율 조건을 대입하여 구하고자 하는 값을 구한다.

풀이

원통의 밑면의 반지름을 r, 높이를 h라 하면 $\dfrac{dr}{dt}=3$, $\dfrac{dh}{dt}=-4$이다.

원통의 부피 $V=\pi r^2 h$일 때, 원통 부피의 변화율은 $\dfrac{dV}{dt}=2\pi rh\dfrac{dr}{dt}+\pi r^2\dfrac{dh}{dt}$이다.

반지름과 높이가 10cm로 같게 되는 순간의 변수들인

$r=h=10$, $\dfrac{dr}{dt}=3$, $\dfrac{dh}{dt}=-4$를 위에서 구한 부피의 변화율 식에 대입한다.

$$\therefore \dfrac{dV}{dt}=2\pi\times10\times10\times3+\pi\times10^2\times(-4)=200\pi\text{ cm}^3/\text{sec}$$

TIP ▶ 원기둥(원통)의 부피와 겉넓이 공식

• 부피 $V=\pi r^2 h$

• 겉넓이 $S=2\pi r^2+2\pi rh$

정답 ②

4 미분의 응용(2)

출제경향 분석

\# 그래프를 직접 그리는 문제는 출제되지 않지만, 그래프를 적극적으로 활용하면 문제를 더욱 쉽고 빠르게 해결할 수 있습니다.

\# 최댓값/최솟값을 구하는 문제는 출제 빈도가 매우 높습니다. 일변수함수에서의 최대/최소 문제는 극값판정법, 산술기하평균, 그래프 개형을 통해 대부분 해결이 가능합니다.

\# 시간에 대한 변화율에 관한 문제는 변수를 직접 선정을 해야 하는 경우가 많아 여러 문제를 풀며 체화해야 합니다.

---

01 임계점 (극댓값)

🔍 **개념 1. 함수의 그래프**

함수 $f(x) = \left(\dfrac{2}{x}\right)^{2x}$ $(x > 0)$가 $x = a$에서 극댓값을 가질 때, a의 값은?

① $\dfrac{1}{e}$ ② e ③ $\dfrac{2}{e}$ ④ $\dfrac{e}{2}$

풀이

STEP A $f(x)$를 미분한 $f'(x)$ 구하기

$$f(x) = \left(\frac{2}{x}\right)^{2x} = e^{2x\ln\frac{2}{x}} = e^{2x(\ln 2 - \ln x)}$$

$$f'(x) = e^{2x(\ln 2 - \ln x)}\left\{2(\ln 2 - \ln x) + 2x\left(-\frac{1}{x}\right)\right\} = e^{2x(\ln 2 - \ln x)}\{2\ln 2 - 2\ln x - 2\}$$

STEP B $f'(x)$의 값이 0이 되게 하는 임계점 구하기

임계점은 $2\ln 2 - 2\ln x - 2 = 0$일 때이므로

$\ln 2 - 1 - \ln x = 0$

$\Leftrightarrow \ln\dfrac{2}{x} = 1$

$\Leftrightarrow \ln\dfrac{2}{x} = \ln e$

$\Leftrightarrow \dfrac{2}{x} = e$

즉, $x = \dfrac{2}{e}$에서 극댓값을 가지므로 $a = \dfrac{2}{e}$이다.

정답 ③

02
함수의 최솟값

$f(x) = xe^{-x^2}$, $I = [-1, 1]$에서 최솟값은?

① $\sqrt{2e}$　　　　② $\sqrt{e}$　　　　③ $-\dfrac{1}{\sqrt{2e}}$　　　　④ $\dfrac{1}{\sqrt{2e}}$

풀이

STEP A 함수의 경계(양 끝)점에서의 함숫값 구하기

$$f(-1) = -\frac{1}{e},\ f(1) = \frac{1}{e}$$

STEP B 함수의 임계점에서의 함숫값 구하기

$$f(x) = xe^{-x^2}$$
$$f'(x) = e^{-x^2} - 2x^2 e^{-x^2} = e^{-x^2}(1 - 2x^2)$$

임계점을 구하기 위해 $f'(x) = 0$인 x값을 구하면

$$f'(x) = 0 \Rightarrow 1 - 2x^2 = 0 \Rightarrow x = \pm\frac{1}{\sqrt{2}}$$

즉, 임계점에서의 함숫값은 각각 다음과 같다.

$$f\left(-\frac{1}{\sqrt{2}}\right) = -\frac{1}{\sqrt{2e}}$$
$$f\left(\frac{1}{\sqrt{2}}\right) = \frac{1}{\sqrt{2e}}$$

STEP C 앞서 구한 함숫값 중 가장 작은 값인 최솟값 구하기

구한 지점의 함숫값 중 최댓값은 $f\left(\dfrac{1}{\sqrt{2}}\right) = \dfrac{1}{\sqrt{2e}}$ 이고,

최솟값은 $f\left(-\dfrac{1}{\sqrt{2}}\right) = -\dfrac{1}{\sqrt{2e}}$ 이다.

TIP ▶ 자연상수 $e \fallingdotseq 2.718$

정답 ③

03 좌표평면 위의 속도

어떤 물체가 곡선 $y = \sqrt{1+x^3}$ 위에서 움직이고 있다. 점 $(2,3)$을 지나는 순간 y좌표가 $4\,\mathrm{m/s}$의 속력으로 움직이고 있을 때 x좌표의 속력은?

① $0.5\mathrm{m/s}$　　　② $1\mathrm{m/s}$　　　③ $2\mathrm{m/s}$　　　④ $3\mathrm{m/s}$

풀이

STEP A　구하고자 하는 수치(x좌표의 속력) 확인하기

구하고자 하는 목표값은 $x=2$일 때의 $\dfrac{dx}{dt}$이다.

STEP B　y에 관한 순간변화율 값을 파악하기

점 $(2,3)$을 지나는 순간 $\dfrac{dy}{dt}=4$일 때 x,y의 관계식은 $y = \sqrt{1+x^3}$ 이다.

위의 식을 시간 t에 대하여 미분하면

$\dfrac{dy}{dt} = \dfrac{3x^2}{2\sqrt{1+x^3}}\dfrac{dx}{dt} = 4$이다.

STEP C　주어진 조건을 대입하여 구하고자 하는 값을 얻기

점 $(2,3)$을 지나는 순간이므로 $x=2$를 대입하면

$\dfrac{3\times 2^2}{2\sqrt{1+2^3}}\dfrac{dx}{dt} = 4$에서 $\dfrac{dx}{dt} = 2$이다.

즉, 점 $(2,3)$을 지나는 순간 x좌표의 속력은 $2\,\mathrm{m/s}$이다.

정답 ③

04 시간에 대한 표면적의 변화율

$4\,\mathrm{cm}^3/\mathrm{sec}$ 의 비율로 부풀고 있는 구 모양의 물체가 있다. 구의 반지름의 길이가 $8\,\mathrm{cm}$일 때, 이 물체의 표면적의 증가율은? (단, 단위는 $\mathrm{cm}^2/\mathrm{sec}$이다.)

① 1　　　　　② 2　　　　　③ 3　　　　　④ 4

풀이

STEP A　주어진 조건을 활용할 수 있는 수치 먼저 확인하기
　　　　　반지름이 r인 구의 부피는
　　　　　$V = \dfrac{4}{3}\pi r^3$이다.

STEP B　미분하여 시간에 대한 부피의 변화율 구하기
　　　　　시간 t에 대한 구의 부피의 변화율은
　　　　　$\dfrac{dV}{dt} = 4\pi r^2 \dfrac{dr}{dt} = 4$이다.
　　　　　$r = 8$일 때 시간 t에 대한 구의 반지름의 변화율은
　　　　　$\dfrac{dV}{dt} = 4\pi r^2 \dfrac{dr}{dt}\bigg|_{r=8} = 4 \Rightarrow \dfrac{dr}{dt} = \dfrac{1}{64\pi}$이다.

STEP C　구하고자 하는 수치(표면적의 변화율) 구하기
　　　　　그리고 반지름이 r인 구의 표면적은 $S = 4\pi r^2$이다.
　　　　　$r = 8$일 때, 시간 t에 대한 구 표면적의 변화율은
　　　　　$\dfrac{dS}{dt} = 8\pi r \dfrac{dr}{dt}\bigg|_{r=8} = 64\pi \times \dfrac{1}{64\pi} = 1\,(\mathrm{cm}^2/\mathrm{sec})$

(TIP)▶ 구의 부피와 표면적(겉넓이) 공식

• 구의 부피 $V = \dfrac{4}{3}\pi r^3$

• 구의 표면적(겉넓이) $S = 4\pi r^2$

정답 ①

5 미분의 응용(2)

🔎 정답 및 풀이 p.179

01 두 함수 $f : R \to R$과 $g : R \to R$이 모두 미분가능한 증가함수일 때, 다음 중 증가함수는 모두 몇 개인가?

| 보기 |

ㄱ. $h_1(x) = f(x) + g(x)$　　　　　　　ㄴ. $h_2(x) = f(x)g(x)$

ㄷ. $h_3(x) = f(g(x)) + g(f(x))$　　　　ㄹ. $h_4(x) = f(x^3) + g(x^2)$

① 1개　　　　　　② 2개　　　　　　③ 3개　　　　　　④ 4개

02 다음 중 주어진 구간에 속하는 임의의 실수 x, y, z에 대하여 부등식 $f\left(\dfrac{x+y+z}{3}\right) \leq \dfrac{f(x)+f(y)+f(z)}{3}$를 항상 만족하는 함수는 모두 몇 개인가?

| 보기 |

ㄱ. $f(x) = \sin 2x$ $\left(\text{단, } \dfrac{\pi}{2} \leq x \leq \pi\right)$

ㄴ. $f(x) = \tan x$ $\left(\text{단, } 0 < x < \dfrac{\pi}{2}\right)$

ㄷ. $f(x) = \cos x$ $\left(\text{단, } \dfrac{\pi}{2} \leq x \leq \dfrac{3}{2}\pi\right)$

ㄹ. $f(x) = |x+1| + |x| + |x-1|$ (단, $-\infty < x < \infty$)

① 1개　　　　　　② 2개　　　　　　③ 3개　　　　　　④ 4개

03 함수 $f(x) = \dfrac{1}{1+|x|} + \dfrac{1}{1+|x-1|}$ 의 극댓점의 개수는?

① 1개　　　　　　② 2개　　　　　　③ 3개　　　　　　④ 0개

04 함수 $f(x) = \ln x^3 + \dfrac{2}{x} - x$가 $x = \alpha$에서 극솟값 m을 가질 때, $3\alpha + 2m$의 값을 구하시오.

① -1 ② 1 ③ 5 ④ 7

05 다음 중 함수 $y = 2x^2 - \dfrac{1}{4}x^4$이 위로 오목한 구간은?

① $\left(-\infty, -\dfrac{2}{\sqrt{3}}\right)$ ② $\left(-\dfrac{2}{\sqrt{3}}, \dfrac{2}{\sqrt{3}}\right)$ ③ $(-2, 2)$ ④ $\left(\dfrac{2}{\sqrt{3}}, \infty\right)$

06 $f(x)$가 삼차함수이고 점 $(0, 8)$에서 변곡점을 가지며 $x = -2$에서 극댓값 24를 가질 때, 극솟값은?

① -6 ② -8 ③ -12 ④ -24

07 곡선 $y = \cos 2x - kx^2$이 변곡점을 갖도록 하는 정수 k의 개수는?

  ① 0   ② 1   ③ 3   ④ 5

08 $f(x) = \dfrac{x^3 - x^2 + 2}{x^2 + x + 1}$의 점근선 중 수직 또는 수평이 <u>아닌</u> 점근선은?

  ① $y = x - 2$ ② $y = x + 2$ ③ $y = 2x + 1$ ④ $y = 2x - 1$

09 방정식 $x^3 + 4x + 1 = 0$의 양의 실근의 개수는?

  ① 0   ② 1   ③ 2   ④ 3

10 다음 그래프는 도함수 $f'(x)$의 그래프이다. 주어진 $f(x)$ 값들 중에서 가장 큰 값은?

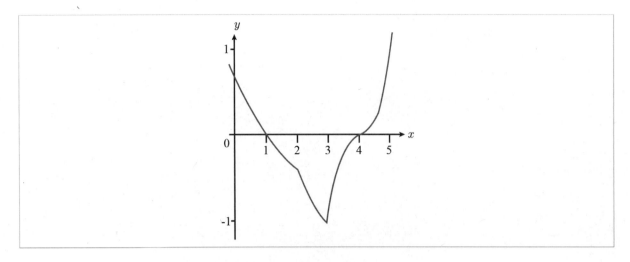

① $f\left(\dfrac{1}{2}\right)$ ② $f(1)$ ③ $f(2)$ ④ $f(4)$

11 두 함수 $f(x) = \dfrac{x^3 + 5x + k}{x^2 + 1}$ 와 $g(x) = 2x$의 그래프의 교점의 개수가 2개 이상이 되도록 하는 정수 k의 개수는?

① 5   ② 3   ③ 2   ④ 1

12 체적이 V로 주어진 원기둥이 있다. 표면적이 최소가 되도록 하는 반지름을 구하면?

① $\sqrt{\dfrac{V}{2\pi}}$ ② $\sqrt[3]{\dfrac{V}{2\pi}}$ ③ $\sqrt[3]{\dfrac{2V}{\pi}}$ ④ $\sqrt{\dfrac{2V}{\pi}}$

13 밑면이 정삼각형인 삼각기둥의 부피가 $16\,\text{cm}^3$으로 일정하다. 이때, 삼각기둥의 겉넓이가 최소가 되는 정삼각형의 한 변의 길이는?

① 2

② $\dfrac{4\sqrt{3}}{3}$

③ 4

④ $\dfrac{8\sqrt{3}}{3}$

14 타원 $\dfrac{x^2}{3}+y^2=1$에 내접하는 직사각형의 최대 둘레는?

① 2

② 5

③ 8

④ 10

15 점 P는 곡선 $y=x^2+1$ 위의 점이고, 점 Q는 직선 $y=2x-1$ 위의 점이다. 두 점 P와 Q 사이의 거리의 최솟값은?

① $\dfrac{1}{\sqrt{5}}$

② $\dfrac{3}{\sqrt{5}}$

③ $\sqrt{5}$

④ 2

16 $a > 1$ 이라고 하자. $xy-$평면 위의 타원 $x^2 + \dfrac{y^2}{a^2} = 1$ 위의 점들 중 $(1, 0)$과 가장 멀리 떨어진 점의 x좌표가 $-\dfrac{1}{3}$일 때, a의 값은?

① 1   ② 2   ③ 3   ④ 4

17 함수 $f(x) = \sqrt{4x - x^2} - \sqrt{6x - x^2 - 8}$ 의 최댓값은?

① 1   ② $\sqrt{2}$ ③ 2   ④ 4

18 함수 $f(x) = x^4 - 4kx + 8k - 1$의 최솟값을 $m(k)$라고 할 때, $m(k)$가 최대가 되는 k의 값은?

① 6   ② 7   ③ 8   ④ 9

19 $1 \le x \le 3$에서 정의된 함수 $f(x) = 2\left(x - \dfrac{3}{x}\right)^3 - 15\left(x - \dfrac{3}{x}\right)^2 + 36\left(x - \dfrac{3}{x}\right) - 50$ 의 최댓값과 최솟값의 차는?

① 126   ② 146   ③ 176   ④ 216

20 관측자로부터 $100\,\text{m}$ 떨어진 곳에 위치한 열기구가 지면에서 분속 $25\,\text{m}$의 속도로 수직으로 상승하고 있다. 이 기구가 지상에서 높이 $50\,\text{m}$인 지점을 지날 때, 관측자가 기구를 올려 본 각의 변화율은? (단, 단위는 rad/분이다.)

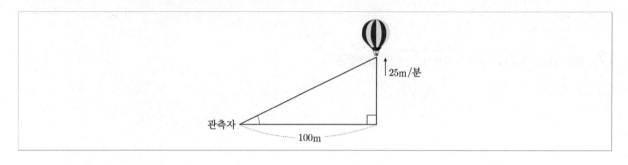

① $\dfrac{1}{8}$ ② $\dfrac{1}{7}$ ③ $\dfrac{1}{6}$ ④ $\dfrac{1}{5}$

21 밑면의 반지름의 길이가 $4\,\text{m}$, 높이가 $8\,\text{m}$인 원뿔을 거꾸로 세운 모양을 한 물탱크가 있다. 물이 탱크 안으로 $3\,\text{m}^3/\text{min}$의 속도로 채워진다면 물의 깊이가 $4\,\text{m}$가 되는 순간의 수면의 높이는 얼마의 비율로 증가하겠는가? (단, 단위는 m/min이다.)

① $\dfrac{3\pi}{4}$ ② $\dfrac{4}{3\pi}$ ③ $\dfrac{4\pi}{3}$ ④ $\dfrac{3}{4\pi}$

22 정육면체의 부피가 $10\,\mathrm{cm}^3/\mathrm{min}$의 변화율로 증가한다. 모서리의 길이가 $30\,\mathrm{cm}$일 때, 겉넓이는 얼마나 빨리 증가하는가?

① $\dfrac{5}{6}\,\mathrm{cm}^2/\mathrm{min}$　　② $\dfrac{6}{5}\,\mathrm{cm}^2/\mathrm{min}$　　③ $\dfrac{3}{4}\,\mathrm{cm}^2/\mathrm{min}$　　④ $\dfrac{4}{3}\,\mathrm{cm}^2/\mathrm{min}$

23 좌표평면에서 점 $\mathrm{A}(-1,\,5)$와 매개방정식 $x=t^2-2t$, $y=t+1$로 주어지는 곡선 위의 점 P에 대하여 $\overline{\mathrm{AP}}$의 최솟값은? (단, $\overline{\mathrm{AP}}$는 선분 AP의 길이를 나타낸다.)

① $\sqrt{3}$　　② 2　　③ $\sqrt{5}$　　④ $\sqrt{6}$

24 좌표평면의 원점에서 두 점 A와 B가 출발하여 각각 x축과 y축을 따라 움직인다. t초 후의 두 점 A, B의 위치가 각각 $(10t-t^2,\,0)$과 $(0,\,6t-t^2)$이다. $0 \leq t \leq 7$인 범위에서 두 점 사이의 거리가 최대가 되는 t의 값은?

① $5-\sqrt{3}$　　② $5-\sqrt{2}$　　③ $6-\sqrt{3}$　　④ $6-\sqrt{2}$

25 같은 지점에서 버스는 남쪽으로 $6\,\text{km/h}$의 속도로 움직이고 택시는 서쪽으로 $8\,\text{km/h}$의 속도로 움직인다. 삼십분 뒤 버스와 택시 사이의 거리의 변화율은?

① $5\,\text{km/h}$　　　　② $10\,\text{km/h}$　　　　③ $15\,\text{km/h}$　　　　④ $20\,\text{km/h}$

정답 및 풀이

01. 역삼각함수와 쌍곡선함수

01 ③	02 ②	03 ①	04 ②	05 ②	06 ②	07 ②	08 ④	09 ②	10 ③
11 ①	12 ④	13 ②	14 ④	15 ②					

01 ③

$\sin^{-1}\left(\sin\dfrac{6\pi}{7}\right)=\alpha$ 라 하면 $\left($단, $-\dfrac{\pi}{2}\le\alpha\le\dfrac{\pi}{2}\right)$

$\sin\left(\dfrac{6\pi}{7}\right)=\sin\alpha$, $\alpha=\dfrac{\pi}{7}$ 이다.

$\left(\because\ \sin\dfrac{6\pi}{7}=\sin\left(\pi-\dfrac{\pi}{7}\right)=\sin\dfrac{\pi}{7}\right)$

TIP▶ $\sin^{-1}(\sin x)=x\ \left(-\dfrac{\pi}{2}\le x\le\dfrac{\pi}{2}\right)$

$\quad\ \sin(\sin^{-1}x)=x\ (-1\le x\le 1)$

$\quad\ \sin(\pi-x)=\sin x$

02 ②

$\cos^{-1}\left(-\dfrac{4}{5}\right)=\alpha$, $\sin^{-1}\left(\dfrac{12}{13}\right)=\beta$ 라 하면

$\cos\alpha=-\dfrac{4}{5}$ $\left($단, $\dfrac{\pi}{2}<\alpha<\pi\right)$,

$\sin\beta=\dfrac{12}{13}$ $\left($단, $0<\beta<\dfrac{\pi}{2}\right)$이고

$\sin\alpha=\sqrt{1-\cos^2\alpha}=\dfrac{3}{5}$, $\cos\beta=\sqrt{1-\sin^2\beta}=\dfrac{5}{13}$ 이다.

$\therefore\ \cos\left(\cos^{-1}\left(-\dfrac{4}{5}\right)+\sin^{-1}\left(\dfrac{12}{13}\right)\right)=\cos(\alpha+\beta)$

$\qquad\qquad = \cos\alpha\cos\beta-\sin\alpha\sin\beta$

$\qquad\qquad = \left(-\dfrac{4}{5}\right)\left(\dfrac{5}{13}\right)-\left(\dfrac{3}{5}\right)\left(\dfrac{12}{13}\right)$

$\qquad\qquad = -\dfrac{56}{65}$

TIP▶ $\cos(\alpha\pm\beta)=\cos\alpha\cos\beta\mp\sin\alpha\sin\beta$

03 ①

$\cos^{-1}\dfrac{1}{5}=\alpha$ 라 하면 $\sin\alpha+\tan\alpha$를 구하면 된다.

여기서 $\cos\alpha=\dfrac{1}{5}$이므로 직각삼각형의 성질에 의해

$\sin\alpha=\dfrac{2\sqrt{6}}{5}$, $\tan\alpha=2\sqrt{6}$ 이다.

따라서 $\sin\alpha+\tan\alpha=\dfrac{2\sqrt{6}}{5}+2\sqrt{6}=\dfrac{12\sqrt{6}}{5}$ 이다.

04 ②

$f^{-1}\left(\dfrac{1}{3}\right)=\alpha$, $g^{-1}\left(\dfrac{3}{4}\right)=\beta$ 라 하면

$f(\alpha)=\dfrac{1}{3}$, $g(\beta)=\dfrac{3}{4}$ 이다.

따라서 $f(\alpha)=\sin\alpha=\dfrac{1}{3}$, $g(\beta)=\cos\beta=\dfrac{3}{4}$ 이고

$0<x<\dfrac{\pi}{2}$에서 $\cos\alpha>0$, $\sin\beta>0$이므로

$\cos\alpha=\sqrt{1-\left(\dfrac{1}{3}\right)^2}=\dfrac{2\sqrt{2}}{3}$, $\sin\beta=\sqrt{1-\left(\dfrac{3}{4}\right)^2}=\dfrac{\sqrt{7}}{4}$

$\therefore\ f\left(f^{-1}\left(\dfrac{1}{3}\right)+g^{-1}\left(\dfrac{3}{4}\right)\right)=f(\alpha+\beta)$

$\qquad\qquad = \sin(\alpha+\beta)$

$\qquad\qquad = \sin\alpha\cos\beta+\cos\alpha\sin\beta$

$\qquad\qquad = \dfrac{1}{3}\times\dfrac{3}{4}+\dfrac{2\sqrt{2}}{3}\times\dfrac{\sqrt{7}}{4}$

$\qquad\qquad = \dfrac{2\sqrt{14}+3}{12}$

TIP▶ $\sin(\alpha\pm\beta)=\sin\alpha\cos\beta\pm\cos\alpha\sin\beta$

05 ②

(i) $\sin(\sin^{-1}x)=x$를 만족하는 범위는

$\quad\ -1\le x\le 1$ ($\because$ 삼각함수와 역삼각함수의 관계)

(ii) $\cos^{-1}(\cos x)=x$를 만족하는 범위는

$\quad\ 0\le x\le\pi$ ($\because$ 삼각함수와 역삼각함수의 관계)

따라서 (i)와 (ii)의 공통범위는 $0\le x\le 1$ 이다.

06 ②

$f\left(\cos\left(\dfrac{4}{3}\pi\right)\right)=\left(\cos\dfrac{4}{3}\pi-\sqrt{1-\cos^2\left(\dfrac{4}{3}\pi\right)}\right)\cos^{-1}\left(\cos\left(\dfrac{4}{3}\pi\right)\right)$

$\qquad\qquad = \left(-\dfrac{1}{2}-\sqrt{1-\dfrac{1}{4}}\right)\cos^{-1}\left(-\dfrac{1}{2}\right)$

$\qquad\qquad = -\dfrac{1+\sqrt{3}}{2}\times\dfrac{2}{3}\pi$

$\qquad\qquad = -\dfrac{(1+\sqrt{3})\pi}{3}$

162 김영편입 수학 미분법

07 ②

$\sin^{-1}\left(\dfrac{2}{3}\right) = t$ 라고 하면 $\sin t = \dfrac{2}{3}$ 이므로

$$\cos\left(2\sin^{-1}\left(\dfrac{2}{3}\right)\right) = \cos 2t$$
$$= 1 - 2\sin^2 t$$
$$= 1 - 2\times\left(\dfrac{2}{3}\right)^2$$
$$= 1 - \dfrac{8}{9} = \dfrac{1}{9}$$

TIP ▶ 삼각함수의 2배각 공식

· $\sin 2x = 2\sin x \cos x$

· $\cos 2x = \cos^2 x - \sin^2 x = 1 - 2\sin^2 x = 2\cos^2 x - 1$

· $\tan 2x = \dfrac{2\tan x}{1 - \tan^2 x}$

08 ④

④ $\tan^{-1}\left(\dfrac{1}{8}\right) = \alpha$, $\tan^{-1}\left(\dfrac{5}{13}\right) = \beta$ 라 하면

$\tan\alpha = \dfrac{1}{8}$, $\tan\beta = \dfrac{5}{13}$ 이다.

$$\tan(\alpha+\beta) = \dfrac{\tan\alpha + \tan\beta}{1 - \tan\alpha\tan\beta}$$
$$= \dfrac{\dfrac{1}{8} + \dfrac{5}{13}}{1 - \dfrac{1}{8}\times\dfrac{5}{13}} = \dfrac{53}{99} \neq 1 \text{ 이다.}$$

$\therefore \tan^{-1}\left(\dfrac{1}{8}\right) + \tan^{-1}\left(\dfrac{5}{13}\right) = \alpha + \beta = \tan^{-1}\left(\dfrac{53}{99}\right) \neq \dfrac{\pi}{4}$ 이다.

09 ②

$$f\left(\dfrac{\pi}{3}\right) = \cosh(\ln(2+\sqrt{3}))$$
$$= \dfrac{1}{2}\left(e^{\ln(2+\sqrt{3})} + e^{-\ln(2+\sqrt{3})}\right)$$
$$= \dfrac{1}{2}\left(2+\sqrt{3} + \dfrac{1}{2+\sqrt{3}}\right)$$
$$= \dfrac{1}{2}\left(2+\sqrt{3} + \dfrac{2-\sqrt{3}}{2+\sqrt{3}(2-\sqrt{3})}\right)$$
$$= \dfrac{1}{2}\left(2+\sqrt{3} + 2 - \sqrt{3}\right)$$
$$= 2$$

10 ③

$\sinh^{-1}(-1) = a$ 라 하면 $\sinh a = -1$ 이다.

$\cosh^2 a - \sinh^2 a = 1$ 공식에 의해

$\cosh^2 a = 1 + \sinh^2 a = 1 + (-1)^2 = 2$

$\therefore \cosh(\sinh^{-1}(-1)) = \cosh a = \sqrt{2}$ $(\because \cosh x \geq 1)$

11 ①

a가 해이므로 $e^a \sinh a = 2$이다.

즉, $e^a \times \dfrac{e^a - e^{-a}}{2} = 2 \Leftrightarrow e^{2a} - 1 = 4 \Leftrightarrow e^{2a} = 5$이다.

$$\text{sech}\, 2a = \dfrac{1}{\cosh 2a}$$
$$= \dfrac{2}{e^{2a} + e^{-2a}}$$
$$= \dfrac{2}{5 + \dfrac{1}{5}} = \dfrac{5}{13}$$

12 ④

$(g\circ f)\left(\dfrac{3}{2}\right) = g\left(f\left(\dfrac{3}{2}\right)\right) = \tanh\left(\cosh^{-1}\dfrac{3}{2}\right)$ 에서

$\cosh^{-1}\dfrac{3}{2} = t$ 라 하면, $\cosh t = \dfrac{3}{2}$ 이다.

$\tanh^2 x + \text{sech}^2 x = 1$ 공식에 의해

$$\tanh^2 x = 1 - \text{sech}^2 x$$
$$= 1 - \dfrac{1}{\cosh^2 x} \text{ 이므로}$$

$\tanh^2 t = 1 - \dfrac{1}{\cosh^2 t} = 1 - \dfrac{4}{9} = \dfrac{5}{9}$ 이다.

$\therefore \tanh t = \dfrac{\sqrt{5}}{3} = \tanh\left(\cosh^{-1}\dfrac{3}{2}\right) = (g\circ f)\left(\dfrac{3}{2}\right)$

(역함수는 일대일함수에서 정의되므로 값은 유일하다.)

13 ②

$x = \ln(\csc\theta + \cot\theta) \Leftrightarrow e^x = \csc\theta + \cot\theta$

양변에 $(\csc\theta - \cot\theta)$를 곱하면

$e^x(\csc\theta - \cot\theta) = \csc^2\theta - \cot^2\theta = 1$

양변에 e^{-x}를 곱하면

$\csc\theta - \cot\theta = e^{-x}$ 이고, 양변에 e^x를 더해 주면

$2\csc\theta = e^x + e^{-x}$ $(\because e^x = \csc\theta + \cot\theta)$

$\csc\theta = \dfrac{e^x + e^{-x}}{2} = \cosh x$

TIP ▶ $1 + \cot^2\theta = \csc^2\theta$

14 ④

$$\cosh x = \cosh(\ln(\sec y + \tan y))$$
$$= \dfrac{1}{2}\left\{e^{\ln(\sec y + \tan y)} + e^{-\ln(\sec y + \tan y)}\right\}$$
$$= \dfrac{1}{2}\left\{\sec y + \tan y + \dfrac{1}{\sec y + \tan y}\right\}$$
$$= \dfrac{1}{2}\left\{\sec y + \tan y + \dfrac{1}{\sec y + \tan y} \times \dfrac{\sec y - \tan y}{\sec y - \tan y}\right\}$$
$$= \dfrac{1}{2}\left\{\sec y + \tan y + \dfrac{\sec y - \tan y}{\sec^2 y - \tan^2 y}\right\}$$

$$= \frac{1}{2}\left\{\sec y + \tan y + \frac{\sec y - \tan y}{(1+\tan^2 y) - \tan^2 y}\right\}$$

$$= \frac{1}{2} \times 2\sec y$$

$$= \sec y$$

TIP ▶ $1+\tan^2 y = \sec^2 y$

15　②

$$\ln\left(\frac{1-\tanh\dfrac{\theta}{2}}{1+\tanh\dfrac{\theta}{2}}\right) = \ln\left(\frac{1-\dfrac{e^\theta-1}{e^\theta+1}}{1+\dfrac{e^\theta-1}{e^\theta+1}}\right)$$

$$= \ln\left(\frac{e^\theta+1-e^\theta+1}{e^\theta+1+e^\theta-1}\right)$$

$$= \ln\left(\frac{2}{2e^\theta}\right)$$

$$= \ln\left(e^{-\theta}\right)$$

$$= -\theta$$

TIP ▶ $\tanh\theta = \dfrac{e^\theta - e^{-\theta}}{e^\theta + e^{-\theta}} = \dfrac{e^{2\theta}-1}{e^{2\theta}+1}$

02. 함수의 극한과 연속

🔍 문제 p.46

01 ④	02 ①	03 ①	04 ④	05 ①	06 ①	07 ③	08 ②	09 ④	10 ④
11 ①	12 ②	13 ①	14 ④	15 ④	16 ③	17 ④	18 ③	19 ③	20 ③

01 ④

(i) $x \to 0^+$ 일 때,

$\dfrac{1}{x} \to \infty$, $-\dfrac{1}{x} \to -\infty$ 이므로

$\lim\limits_{x \to 0^+} \dfrac{e^{\frac{1}{x}}}{e^{\frac{1}{x}} - e^{-\frac{1}{x}}} = 1$

(ii) $x \to 0^-$ 일 때,

$\dfrac{1}{x} \to -\infty$, $-\dfrac{1}{x} \to \infty$ 이므로

$\lim\limits_{x \to 0^-} \dfrac{e^{\frac{1}{x}}}{e^{\frac{1}{x}} - e^{-\frac{1}{x}}} = 0$

∴ 극한값은 존재하지 않는다.

다른 풀이

$\lim\limits_{x \to 0^+} \dfrac{e^{\frac{1}{x}}}{e^{\frac{1}{x}} - e^{-\frac{1}{x}}} = \lim\limits_{x \to 0^+} \dfrac{e^{\frac{2}{x}}}{e^{\frac{2}{x}} - 1} = \lim\limits_{t \to \infty} \dfrac{e^{2t}}{e^{2t} - 1} = 1$

$\left(\because \dfrac{1}{x} = t \text{ 치환} \right)$

$\lim\limits_{x \to 0^-} \dfrac{e^{\frac{1}{x}}}{e^{\frac{1}{x}} - e^{-\frac{1}{x}}} = \lim\limits_{x \to 0^-} \dfrac{1}{1 - e^{-\frac{2}{x}}} = \lim\limits_{t \to \infty} \dfrac{1}{1 - e^{2t}} = 0$

$\left(\because -\dfrac{1}{x} = t \text{ 치환} \right)$

02 ①

$\lim\limits_{x \to \infty} (\sqrt{x^2+1} - x) \times \dfrac{\sqrt{x^2+1} + x}{\sqrt{x^2+1} + x} = \lim\limits_{x \to \infty} \dfrac{x^2 + 1 - x^2}{\sqrt{x^2+1} + x}$

$= \lim\limits_{x \to \infty} \dfrac{1}{\sqrt{x^2+1} + x} = 0$

03 ①

(주어진 식) $= \lim\limits_{x \to \infty} \left(\tanh x + \dfrac{\cosh x}{\cosh^2 x} + \dfrac{\pi}{2} - \tan^{-1} x \right)$

$= \lim\limits_{x \to \infty} \left(\tanh x + \dfrac{1}{\cosh x} + \dfrac{\pi}{2} - \tan^{-1} x \right)$

$= 1 + \dfrac{1}{\infty} + \dfrac{\pi}{2} - \dfrac{\pi}{2} = 1$

04 ④

$x = \dfrac{1}{t}$ 로 치환하면 $t = \dfrac{1}{x}$ 이므로 $x \to 0+$ 일 때 $t \to \infty$ 이다.

따라서 주어진 식은 $\lim\limits_{t \to \infty} \dfrac{[3t]}{2t}$ 가 된다. 가우스 함수의 극한 문제로

$\lim\limits_{t \to \infty} \dfrac{3t - k}{2t} = \dfrac{3}{2}$ 이다. (단, $0 \leq k < 1$)

TIP▶ $t \to \infty$ 일 때, 가우스 함수의 극한인 $[3t]$ 를 $3t$ 로 바꾸어 구해도 무방하다.

05 ①

주어진 식 $\lim\limits_{n \to \infty} \dfrac{2n - a_n}{1 - 8a_n}$ 의 분모, 분자를 n 으로 나누면

$\lim\limits_{n \to \infty} \dfrac{2 - \dfrac{a_n}{n}}{\dfrac{1}{n} - 8 \dfrac{a_n}{n}}$ 이다.

그리고 $n - 5 < a_n < n - 2$ 를 n 으로 나누면

$1 - \dfrac{5}{n} < \dfrac{a_n}{n} < 1 - \dfrac{2}{n}$ 이다. ($\because n$ 은 자연수로, 부등호 변화는 없다.)

세 변에 $\lim\limits_{n \to \infty}$ 를 씌우면 스퀴즈 정리에 의해 $\lim\limits_{n \to \infty} \dfrac{a_n}{n} = 1$ 이 된다.

따라서 $\lim\limits_{n \to \infty} \dfrac{2 - \dfrac{a_n}{n}}{\dfrac{1}{n} - 8 \dfrac{a_n}{n}} = \dfrac{2 - 1}{0 - 8} = -\dfrac{1}{8}$ 이다.

06 ①

$-x = t$ 로 치환하면 $x \to -\infty$ 일 때 $t \to \infty$ 이다.

(주어진 식) $= \lim\limits_{t \to \infty} \dfrac{-t + 1}{\sqrt{t^2 - t} + t}$

$= \lim\limits_{t \to \infty} \dfrac{-1 + \dfrac{1}{t}}{\sqrt{1 - \dfrac{1}{t}} + 1}$

$= -\dfrac{1}{2}$

07 ③

(i) $n - 1 \leq x < n$ 일 때 $[x] = n - 1$ 이므로

$$\lim_{x \to n-} \frac{[x]^2 + x}{2[x]} = \frac{(n-1)^2 + n}{2(n-1)} = \frac{n^2 - n + 1}{2(n-1)}$$

(ii) $n \le x < n+1$일 때 $[x] = n$이므로

$$\lim_{x \to n+} \frac{[x]^2 + x}{2[x]} = \frac{n^2 + n}{2n} = \frac{n+1}{2}$$

이때 주어진 식의 극한값이 존재하므로 좌, 우극한값이 같아야 한다.

즉, $\frac{n^2 - n + 1}{2(n-1)} = \frac{n+1}{2}$에서 $n^2 - n + 1 = n^2 - 1$

$\therefore n = 2$

---

08 ②

$$\lim_{n \to \infty}(a^n + b^n)^{\frac{1}{n}} = \lim_{n \to \infty}\left\{b^n\left(1 + \left(\frac{a}{b}\right)^n\right)\right\}^{\frac{1}{n}}$$

$$= b \lim_{n \to \infty}\left\{1 + \left(\frac{a}{b}\right)^n\right\}^{\frac{1}{n}}$$

여기서,

$$\lim_{n \to \infty}\left\{1 + \left(\frac{a}{b}\right)^n\right\}^{\frac{1}{n}} = \lim_{n \to \infty}e^{\frac{1}{n}\cdot\ln\left\{1+\left(\frac{a}{b}\right)^n\right\}}$$

$$= e^0 = 1$$

이다. 따라서 $\lim_{n \to \infty}(a^n + b^n)^{\frac{1}{n}} = b$이다.

다른 풀이

문제 형식을 외우고 바로 답을 찾는다.

$\lim_{n \to \infty}(a^n + b^n)^{\frac{1}{n}}$에서 a, b중에 b가 더 크다. 따라서 극한값은 b이다.

---

09 ④

ㄱ. $x \ne 0$인 모든 실수 x에 대하여 $-1 \le \sin\frac{1}{x} \le 1$이므로

$$0 \le \left|\sin\frac{1}{x}\right| \le 1$$

이때 $|\tan x| > 0$이므로

$$0 \le |\tan x|\cdot\left|\sin\frac{1}{x}\right| \le |\tan x|$$

$$\therefore -|\tan x| \le \tan x \sin\frac{1}{x} \le |\tan x|$$

$\lim_{x \to 0}(-|\tan x|) = \lim_{x \to 0}|\tan x| = 0$이므로 스퀴즈 정리에 의해

$\lim_{x \to 0}\tan x \sin\frac{1}{x} = 0$ 이다.

ㄴ. $x \ne 0$인 모든 실수 x에 대하여

$$-1 \le \sin\frac{1}{x} \le 1$$이므로

$$0 \le \left|\sin\frac{1}{x}\right| \le 1$$

이때 $|x| > 0$이므로

$$0 \le |x|\cdot\left|\sin\frac{1}{x}\right| \le |x|$$

$$\therefore -|x| \le x \sin\frac{1}{x} \le |x|$$

$\lim_{x \to 0}(-|x|) = \lim_{x \to 0}|x| = 0$이므로 스퀴즈 정리에 의해

$\lim_{x \to 0}x \sin\frac{1}{x} = 0$ 이다.

ㄷ. $-1 < x < 1$일 때 $0 \le x^2 < 1$이므로 $[x^2] = 0$

$\lim_{x \to 0}[x^2] = 0$이다.

따라서 ㄱ, ㄴ, ㄷ 모두 $x \to 0$일 때의 극한값이 존재한다.

---

10 ④

$f(x) = (x-1)(x-2)(x-3)Q(x)$ ($Q(x)$는 다항식) 꼴이다.

이때 $\lim_{x \to 1}\frac{f(x)}{x-1} = 1 \Rightarrow \lim_{x \to 1}\frac{(x-1)(x-2)(x-3)Q(x)}{x-1} = 2Q(1) = 1$

$\lim_{x \to 2}\frac{f(x)}{x-2} = 2 \Rightarrow \lim_{x \to 2}\frac{(x-1)(x-2)(x-3)Q(x)}{x-2} = -Q(2) = 2$

$\lim_{x \to 3}\frac{f(x)}{x-3} = 3 \Rightarrow \lim_{x \to 3}\frac{(x-1)(x-2)(x-3)Q(x)}{x-3} = 2Q(3) = 3$

인 연립방정식은 미지수 3개를 갖는 최소 2차 다항식의 해를 갖는다.

즉, $Q(x) = ax^2 + bx + c$ 꼴에서

$$Q(1) = a + b + c = \frac{1}{2}$$

$$Q(2) = 4a + 2b + c = -2$$

$$Q(3) = 9a + 3b + c = \frac{3}{2}$$

위의 연립방정식을 풀면 $a = 3$, $b = -\frac{23}{2}$, $c = 9$ 이다.

그러므로 $Q(x) = 3x^2 - \frac{23}{2}x + 9$이다.

따라서 $f(x) = \frac{1}{2}(x-1)(x-2)(x-3)(6x^2 - 23x + 18)$인 최소 5차 다항식이다.

---

11 ①

함수 $f(x)$가 $x = 0$에서 연속이려면

$\lim_{x \to 0}f(x) = f(0)$ 이어야 한다. 이때 극한값

$$\lim_{x \to 0}f(x) = \lim_{x \to 0}\frac{(x^2 + 2x)(\sqrt{1+2x} + \sqrt{1-2x})}{(\sqrt{1+2x} - \sqrt{1-2x})(\sqrt{1+2x} + \sqrt{1-2x})}$$

$$= \lim_{x \to 0}\frac{x(x+2)(\sqrt{1+2x} + \sqrt{1-2x})}{4x}$$

$$= \lim_{x \to 0}\frac{(x+2)(\sqrt{1+2x} + \sqrt{1-2x})}{4} = 1$$

이고 함숫값 $f(0) = a$이므로 $a = 1$이다.

---

12 ②

ㄱ. $f(2)$의 함숫값이 정의되지 않으므로, 불연속이다.

ㄴ. 함숫값 $f(2) = 1$

극한값 $\lim_{x \to 2}f(x) = \lim_{x \to 2}\frac{x^2 - x - 2}{x-2}$

$$= \lim_{x \to 2}\frac{(x-2)(x+1)}{x-2} = \lim_{x \to 2}(x+1) = 3$$

$\therefore$ 함숫값과 극한값이 같지 않으므로, 불연속이다.

ㄷ. 극한값 $\lim_{x \to 2} f(x) = \begin{cases} \lim_{x \to 2^+} [x] = 2 \\ \lim_{x \to 2^-} [x] = 1 \end{cases}$

∴ 극한값이 존재하지 않으므로, 불연속이다.

ㄹ. 함숫값 $f(2) = 3$

극한값 $\lim_{x \to 2} f(x) = \lim_{x \to 2} \dfrac{x^2 - x - 2}{x - 2}$

$\qquad = \lim_{x \to 2} \dfrac{(x-2)(x+1)}{x-2} = \lim_{x \to 2}(x+1) = 3$

∴ 함숫값과 극한값이 같으므로 연속이다.

그러므로 $x = 2$에서 연속인 함수는 ㄹ. 1개이다.

13 ①

(i) $|\log_2 x| < 1$일 때

즉 $-1 < \log_2 x < 1$, $\dfrac{1}{2} < x < 2$ 일 때

$\qquad f(x) = \lim_{n \to \infty} \dfrac{x - |\log_2 x|^n}{x^2 - |\log_2 x|^n} = \dfrac{1}{x}$

(ii) $|\log_2 x| = 1$일 때

즉 $\log_2 x = \pm 1$일 때

$x = \dfrac{1}{2}$ 일 때, $f(x) = \dfrac{\frac{1}{2} - 1}{\frac{1}{4} - 1} = \dfrac{2}{3}$

$x = 2$일 때, $f(x) = \dfrac{2-1}{4-1} = \dfrac{1}{3}$

(iii) $|\log_2 x| > 1$일 때

즉, $\log_2 x < -1$ 또는 $\log_2 x > 1$, $x < \dfrac{1}{2}$ 또는 $x > 2$일 때

$\qquad f(x) = \lim_{n \to \infty} \dfrac{x - |\log_2 x|^n}{x^2 - |\log_2 x|^n}$

$\qquad = \lim_{n \to \infty} \dfrac{\frac{x}{(\log_2 x)^n} - 1}{\frac{x^2}{(\log_2 x)^n} - 1} = 1$

따라서 $f(x)$의 그래프는 다음과 같고, 불연속점의 x좌표는 $\dfrac{1}{2}$과 2이

므로 그 값의 합은 $\dfrac{5}{2}$이다.

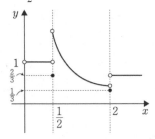

14 ④

$f(x) = \lim_{a \to \infty} \dfrac{ax(\sqrt{a+x} - \sqrt{a-x})(\sqrt{a+x} + \sqrt{a-x})}{\sqrt{ax^2 + 1}(\sqrt{a+x} + \sqrt{a-x})}$

$\qquad = \lim_{a \to \infty} \dfrac{2ax^2}{\sqrt{ax^2 + 1}(\sqrt{a+x} + \sqrt{a-x})}$

$\qquad = \lim_{a \to \infty} \dfrac{2x^2}{\sqrt{x^2 + \frac{1}{a}}\left(\sqrt{1 + \frac{x}{a}} + \sqrt{1 - \frac{x}{a}}\right)}$

$\qquad = \dfrac{x^2}{\sqrt{x^2}} = |x|$

$f(x) = |x|$ 함수는 $x = 0$에서 연속이며, 불연속점을 갖지 않는다. 또한, 우함수(y축 대칭)이므로 옳은 설명은 ④이다.

15 ④

$h(x) = \begin{cases} \tan\left(\dfrac{\pi x}{2}\right), & x < -\dfrac{1}{3} \text{ 또는 } x > \dfrac{2}{3} \\ ax + b, & -\dfrac{1}{3} \leq x \leq \dfrac{2}{3} \end{cases}$

$h(x)$가 실수 전체에서 연속이므로

(i) $\lim_{x \to -\frac{1}{3}^+}(ax+b) = -\dfrac{1}{3}a + b$ 와

$\lim_{x \to -\frac{1}{3}^-} \tan\left(\dfrac{\pi x}{2}\right) = \tan\left(-\dfrac{\pi}{6}\right) = -\dfrac{1}{\sqrt{3}}$ 이 같아야 하므로

$-\dfrac{1}{3}a + b = -\dfrac{1}{\sqrt{3}}$ 을 만족해야 한다.

(ii) $\lim_{x \to \frac{2}{3}^+} \tan\left(\dfrac{\pi x}{2}\right) = \tan\left(\dfrac{\pi}{3}\right) = \sqrt{3}$ 과

$\lim_{x \to \frac{2}{3}^-}(ax+b) = \dfrac{2}{3}a + b$가 같아야 하므로

$\dfrac{2}{3}a + b = \sqrt{3}$ 을 만족해야 한다.

$-\dfrac{1}{3}a + b = -\dfrac{1}{\sqrt{3}}$ 과 $\dfrac{2}{3}a + b = \sqrt{3}$ 을 연립하면

$a = \sqrt{3} + \dfrac{1}{\sqrt{3}} = \dfrac{3+1}{\sqrt{3}} = \dfrac{4}{\sqrt{3}}$ 이다.

16 ③

(i) $|x| < 1$ 일 때,

$f(x) = \lim_{n \to \infty}\left(\dfrac{|x|^n - 1}{|x|^n + 1} + x\right) = x - 1 \ (\because n \to \infty, |x|^n \to 0)$

(ii) $|x| > 1$ 일 때,

$f(x) = \lim_{n \to \infty}\left(\dfrac{|x|^n - 1}{|x|^n + 1} + x\right) = x + 1 \ (\because n \to \infty, |x|^n \to \infty)$

(iii) $|x| = 1$ 일 때,

$f(\pm 1) = \pm 1$ 이므로 그래프 개형은 아래와 같다.

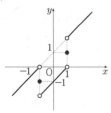

따라서 함수 $f(x)$의 불연속점은 $x = -1, 1$이다.

17 ④

$f(x) = [\sin x]$의 그래프를 그려보면 아래와 같다.

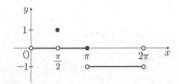

ㄱ. 위의 그림에서 $x = 1$에서 극한값과 함숫값이 같음을 알 수 있다.

ㄴ. 그래프에서 좌, 우극한값이 서로 다른 점이 존재하므로 옳지 않다.

(예시) $\lim_{x \to \pi^-} f(x) = 0$, $\lim_{x \to \pi^+} f(x) = -1$로 $\lim_{x \to \pi} f(x)$는 존재하지 않는다.

ㄷ. 정의역 내에서 불연속점의 개수는 2개이다. $\left(x = \dfrac{\pi}{2}, \pi\right)$

18 ③

ㄱ. 모든 점에서 극한값이 존재하지 않는다. 따라서 모든 점에서 불연속이다.

ㄴ. ㄷ. $x = 0$에서만 연속인 함수이다.

19 ③

ㄱ. $x > 0$일 때 $f(f(x)) = f(2) = 2$

$x = 0$일 때 $f(f(x)) = f(1) = 2$

$x < 0$일 때 $f(f(x)) = f(0) = 1$

따라서 $f(f(x))$는 상수함수가 아니다.

ㄴ. 우극한 : $\lim_{x \to 0^+} f(g(x)) = \lim_{x \to 0^+} f(x) = 2$

좌극한 : $\lim_{x \to 0^-} f(g(x)) = \lim_{x \to 0^-} f(x) = 0$

$\lim_{x \to 0^+} f(g(x)) \neq \lim_{x \to 0^-} f(g(x))$

따라서 $\lim_{x \to 0} f(g(x))$의 값이 존재하지 않는다.

ㄷ. $\lim_{x \to 0^+} g(f(x)) = g(2) = \sin 2\pi = 0$

$\lim_{x \to 0^-} g(f(x)) = g(0) = \sin 0 = 0$

$\therefore \lim_{x \to 0} g(f(x)) = 0$

이때 $g(f(0)) = g(1) = \sin \pi = 0$이므로

$g(f(x))$는 $x = 0$에서 연속이다.

따라서 옳은 것은 ㄷ이다.

TIP ▶ 상수함수

정의역의 값에 관계없이 항상 같은 값을 갖는 함수

20 ③

$h(x) = f(x) - x^2 - 4x$라 할 때

$h(0) = 1 > 0$, $h(1) = a^2 - a - 6$

$h(2) = 1 > 0$이며 이때 중간값 정리의 따름 정리에 의해

$h(1) < 0$이어야 구간 $(0, 1)$, $(1, 2)$에서 각각 적어도 하나의 실근을 갖는다.

$\therefore h(1) = a^2 - a - 6 < 0$

$(a - 3)(a + 2) < 0$

$\therefore -2 < a < 3$

$\alpha = -2$, $\beta = 3$이므로

구하고자 하는 $\alpha^2 + \beta^2 = 13$이다.

03. 미분법

🔍 문제 p.76

01 ②	02 ②	03 ③	04 ③	05 ②	06 ④	07 ②	08 ③	09 ①	10 ①
11 ④	12 ②	13 ④	14 ①	15 ①	16 ②	17 ②	18 ①	19 ②	20 ①
21 ②	22 ①	23 ①	24 ①	25 ③	26 ②	27 ④	28 ③	29 ③	30 ②

01 ②

함수 $f(x) = \begin{cases} |x|^a \sin\dfrac{1}{x} & (x \neq 0 \text{ 일때}) \\ 0 & (x = 0 \text{ 일때}) \end{cases}$ 는

$a > 0$ 이면 $x = 0$ 에서 연속이고

$a > 1$ 이면 $x = 0$ 에서 연속이면서 미분가능하다.

주어진 식의 함수에서 $a = \dfrac{2}{3}$ 이므로 $f(x)$ 는 $x = 0$ 에서 연속이지만, 미분가능하지 않다.

TIP▶ 압축 정리(스퀴즈 정리)

$$-1 \leq \sin\frac{1}{x} \leq 1$$

$$0 \leq \left|\sin\frac{1}{x}\right| \leq 1$$

$$0 \leq \left|x \cdot \sin\frac{1}{x}\right| \leq |x|$$

이때 $\lim\limits_{x \to 0} 0 = 0$ 이고, $\lim\limits_{x \to 0}|x| = 0$ 이므로

$\lim\limits_{x \to 0} x\sin\dfrac{1}{x} = 0$ 이다.

02 ②

$y = \sinh^{-1}x$ 일 때, $\dfrac{dy}{dx} = \dfrac{1}{\sqrt{1+x^2}}$ 이다.

①, ② $\tan^{-1}x = \alpha$ 라 하면

$\tan\alpha = x$ 이므로 직각삼각형을 그려 보면

$\sin\alpha = \dfrac{x}{\sqrt{1+x^2}}$, $\cos\alpha = \dfrac{1}{\sqrt{1+x^2}}$ 이다.

따라서 $\dfrac{dy}{dx} = \dfrac{1}{\sqrt{1+x^2}} = \cos\alpha = \cos(\tan^{-1}x)$ 이다.

03 ③

$f(x) = \sinh^{-1}(2\tan x)$

$\Rightarrow f'(x) = \dfrac{2\sec^2 x}{\sqrt{4\tan^2 x + 1}}$

$\therefore f'\left(\dfrac{\pi}{3}\right) = \dfrac{8}{\sqrt{13}}$

04 ③

$h(x) = g(x) - f(x)$ 로 두면

$g'(x) = 2 \cdot \dfrac{1}{1+x} \cdot \dfrac{1}{2\sqrt{x}} = \dfrac{1}{\sqrt{x}(1+x)}$

$f'(x) = \dfrac{1}{\sqrt{1 - \left(\dfrac{x-1}{x+1}\right)^2}} \cdot \left(\dfrac{x-1}{x+1}\right)'$

$\qquad = \dfrac{1}{\sqrt{x}(x+1)}$

$h'(x) = g'(x) - f'(x) = 0$ 이므로 $h(x)$ 는 상수함수이다.

$h(0) = g(0) - f(0) = -\sin^{-1}(-1) = \sin^{-1}(1) = \dfrac{\pi}{2}$ 이므로

$h(x) = \dfrac{\pi}{2}$ 이다.

TIP▶ $f(x) = c$ (c는 상수)이면 $f'(x) = 0$

05 ②

$f(x) = 1 + x + x^2 + \cdots + x^{100} = \dfrac{1 - x^{101}}{1 - x}$

양변에 자연로그를 취하면

$\ln f(x) = \ln\left(\dfrac{1 - x^{101}}{1 - x}\right) = \ln(1 - x^{101}) - \ln(1 - x)$

양변을 x에 대하여 미분하면

$\dfrac{f'(x)}{f(x)} = \dfrac{-101x^{100}}{1 - x^{101}} - \dfrac{-1}{1 - x}$

$x = 2$ 를 대입하면

$\dfrac{f'(2)}{f(2)} = \dfrac{-101 \times 2^{100}}{1 - 2^{101}} - 1$

$\qquad = \dfrac{2^{100}}{2^{101} - 1} \times 101 - 1$

$\qquad = \dfrac{2^{101}}{2^{101} - 1} \times \dfrac{101}{2} - 1$

$\qquad \approx 49.5$

이고 이때, $\dfrac{2^{101}}{2^{101} - 1} > 1$ 이므로 $\dfrac{f'(2)}{f(2)}$ 는 49.5보다는 크다.

$\therefore$ 가장 가까운 자연수는 50이다.

TIP▶ 등비수열의 합

첫째항 a, 공비 r, 1항~n항까지의 합 S_n 이라 할 때

$S_n = \dfrac{a(1 - r^n)}{1 - r}$

06 ④

$$\left.\frac{dy}{dx}\right|_{(0,\,1)} = -\left.\frac{f_x}{f_y}\right|_{(0,\,1)}$$

$$= -\left.\frac{\dfrac{2x}{x^2+y^2}-y^2}{\dfrac{2y}{x^2+y^2}-2xy}\right|_{(0,\,1)}$$

$$= -\frac{(-1)}{2} = \frac{1}{2}$$

07 ②

$$\frac{dy}{dx} = \cos(e^x\cos x)\cdot(e^x\cos x - e^x\sin x)\text{이므로}$$

$$\left.\frac{dy}{dx}\right|_{x=0} = \cos(e^0\cos 0)\times(e^0\cos 0 - e^0\sin 0)$$

$$= \cos 1$$

08 ③

주어진 음함수를 미분하면 다음과 같다.

$$2y\sinh(xy) - 2\cos(x-1) + 2x\sin(x-1) + \frac{dy}{dx} + 2x\sinh(xy)\frac{dy}{dx} = 0$$

$$\frac{dy}{dx} = -\left.\frac{2y\sinh(xy) - 2(\cos(x-1) - x\sin(x-1))}{1+2x\sinh(xy)}\right|_{x=1,\,y=0}$$

$$= -\frac{-2}{1} = 2$$

09 ①

$$y' = 2\{x^2 f(x)\}\{2xf(x) + x^2 f'(x)\}\text{이므로}$$
$x=1$에서의 미분계수는

$$\left. y'\right|_{x=1} = 2\times\{1\times f(1)\}\times\{2f(1) + 1\times f'(1)\}$$

$$= 2\times 1\times\{2\times 1 + 2\}$$

$$= 2\times 1\times 4$$

$$= 8$$

10 ①

$$f(x) = \frac{(x-1)^2\sqrt{x+1}}{\tan^{-1}(x+1)}\text{의 양변에 ln을 취하면}$$

$$\ln|f(x)| = 2\ln|x-1| + \frac{1}{2}\ln|x+1| - \ln|\tan^{-1}(x+1)|$$

위 식의 양변을 x에 대하여 미분하면

$$\frac{f'(x)}{f(x)} = \frac{2}{x-1} + \frac{1}{2(x+1)} - \frac{\dfrac{1}{1+(x+1)^2}}{\tan^{-1}(x+1)} = g(x)$$

$$g(0) = \frac{f'(0)}{f(0)}$$

$$= \left.\frac{2}{x-1} + \frac{1}{2(x+1)} - \frac{\dfrac{1}{1+(x+1)^2}}{\tan^{-1}(x+1)}\right|_{x=0}$$

$$= -2 + \frac{1}{2} - \frac{1}{2}\times\frac{4}{\pi}$$

$$= -\frac{3}{2} - \frac{2}{\pi}$$

11 ④

$f(x) = f(3x-1)$의 양변을 x에 대하여 미분하면
$$f'(x) = 3f'(3x-1) \cdots \text{㉠}$$
㉠의 양변에 $x=2$를 대입하면
$$f'(2) = 3f'(5) = 6$$
$$\therefore f'(5) = 2$$
㉠의 양변에 $x=5$를 대입하면
$$f'(5) = 3f'(14) = 2$$
$$\therefore f'(14) = \frac{2}{3}$$

12 ②

$$f(x) = x^{x+1} = e^{(x+1)\ln x}\text{이고}$$

$$f'(x) = e^{(x+1)\ln x}\left\{\ln x + (x+1)\frac{1}{x}\right\}\text{이므로}$$

$$f'(1) = e^0\{0+2\} = 2\text{이다.}$$

13 ④

$$f(x) = a\sin x + b\cos x\text{에서}$$

$$f\left(\frac{\pi}{4}\right) = \frac{a}{\sqrt{2}} + \frac{b}{\sqrt{2}} = 3 \cdots \text{㉠}$$

$$f'(x) = a\cos x - b\sin x\text{이므로}$$

$$f'\left(\frac{\pi}{4}\right) = \frac{a}{\sqrt{2}} - \frac{b}{\sqrt{2}} = 1 \cdots \text{㉡}$$

㉠, ㉡을 연립하여 풀면 $a = 2\sqrt{2}$, $b = \sqrt{2}$이다.

$$\therefore f'\left(\frac{3}{4}\pi\right) = 2\sqrt{2}\times\left(-\frac{1}{\sqrt{2}}\right) - \sqrt{2}\times\frac{1}{\sqrt{2}} = -3$$

14 ①

$$x^2(1+y) = y(1+x^2) \Leftrightarrow x^2 + x^2 y = y + x^2 y$$

$$y = x^2\text{이다.}$$

그러므로 $\dfrac{dy}{dx} = 2x$이다.

15 ①

$$F(x) = f(x)\cos(g(x))\text{이므로}$$

$$F'(x) = f'(x)\cos(g(x)) - f(x)\sin(g(x))g'(x)$$

$$\therefore F'(1) = f'(1)\cos(g(1)) - f(1)\sin(g(1))g'(1)$$

$$= (-1)\times\cos\frac{\pi}{2} - 2\sin\frac{\pi}{2}\times 1$$

$$= -2$$

16 ②

$\sin^{-1}\left(\dfrac{\sqrt{3}}{2}\right)=\dfrac{\pi}{3}$ 이므로 $x=\tan\dfrac{\pi}{3}=\sqrt{3}$

$f'(x)=-\sin(\tan^{-1}x)\cdot\dfrac{1}{1+x^2}$ 이므로

$f'(\sqrt{3})=-\sin\left(\dfrac{\pi}{3}\right)\cdot\dfrac{1}{1+3}$

$=-\dfrac{\sqrt{3}}{8}$

17 ②

$f(x+y)=f(x)+f(y)-1$ 의 $x=y=0$을 대입하면
$f(0)=1$의 값을 얻는다. … ㉠
또한,

$f'(x)=\lim_{h\to 0}\dfrac{f(x+h)-f(x)}{h}$

$=\lim_{h\to 0}\dfrac{\{f(x)+f(h)-1\}-f(x)}{h}$

$=\lim_{h\to 0}\dfrac{f(h)-1}{h}$

$=\lim_{h\to 0}\dfrac{f(h)-f(0)}{h-0}$ $(by\ ㉠)$

$=f'(0)=1$

18 ③

$f(x)=\dfrac{x^{\frac{3}{4}}\sqrt{x^2+1}}{(3x+2)^5}$

양변에 로그를 취하면

$\ln f(x)=\ln\left\{\dfrac{x^{\frac{3}{4}}\sqrt{x^2+1}}{(3x+2)^5}\right\}$

$=\dfrac{3}{4}\ln x+\dfrac{1}{2}\ln(x^2+1)-5\ln(3x+2)$

양변을 미분하면

$\dfrac{f'(x)}{f(x)}=\dfrac{3}{4x}+\dfrac{2x}{2(x^2+1)}-\dfrac{15}{3x+2}$

따라서

$f'(x)=\dfrac{x^{\frac{3}{4}}\sqrt{x^2+1}}{(3x+2)^5}\left(\dfrac{3}{4x}+\dfrac{x}{x^2+1}-\dfrac{15}{3x+2}\right)=\dfrac{dy}{dx}$

19 ②

ㄱ. (참)

모든 실수 x에 대하여 $\left|\cos\dfrac{1}{x}\right|\le 1$이므로 $\left|x^n\cos\dfrac{1}{x}\right|\le|x|^n$이고,

이때 $\lim_{x\to 0}x^n=0$이므로 $\lim_{x\to 0}x^n\cos\dfrac{1}{x}=0$이다. 즉,

$\lim_{x\to 0}f(x)=f(0)=0$이므로 $f(x)$는 $x=0$에서 연속이다. 따라서
$f(x)$는 모든 실수 x에 대하여 연속인 함수이다.

ㄴ. (참)

$f'(0)=\lim_{h\to 0}\dfrac{f(0+h)-f(0)}{h}$

$=\lim_{h\to 0}h^{n-1}\cos\dfrac{1}{h}=0$ (단, $n\ge 2$)

ㄷ. (거짓)

$f'(x)=\begin{cases}nx^{n-1}\cos\dfrac{1}{x}+x^{n-2}\sin\dfrac{1}{x} & (x\ne 0)\\ 0 & (x=0)\end{cases}$

$n=2$이면 $f'(x)=2x\cos\dfrac{1}{x}+\sin\dfrac{1}{x}$이므로 $\lim_{x\to 0}f'(x)$의 값이

존재하지 않는다. 즉, $x=0$에서 $\lim_{x\to 0}f'(x)$가 존재하지 않으므로

$x=0$에서 불연속이다.

20 ①

$f(x)=\sinh x\cosh x=\dfrac{1}{2}\sinh 2x$ 에 대하여

$f(a)=\dfrac{1}{2}\sinh 2a=\dfrac{15}{16}$ 라 하면

$\sinh 2a=\dfrac{15}{8}$ 이고, $\cosh^2(2a)-\sinh^2(2a)=1$이므로

$\cosh(2a)=\dfrac{17}{8}$ 이다.

역함수 미분법에 의해 다음과 같다.

$g'\left(\dfrac{15}{16}\right)=\dfrac{1}{f'(a)}$

$=\dfrac{1}{\cosh 2x}\Big|_{x=a}$

$=\dfrac{1}{\cosh 2a}$

$=\dfrac{8}{17}$

21 ②

$f(x)$와 $f^{-1}(x)$의 교점은 직선 $y=x$ 위에 있으므로
x좌표가 a이면 y좌표도 a이다. 따라서

$(f^{-1})'(a)=\dfrac{1}{f'(f^{-1}(a))}=\dfrac{1}{f'(a)}$

$f'(a)\times(f^{-1})'(a)=f'(a)\times\dfrac{1}{f'(a)}=1$

22 ①

$x^{20}+1=(x-1)^2Q(x)+R(x)$
(여기서 $R(x)=ax+b$)
$x=1$을 대입하면 $2=a+b$
양변을 미분하면
$20x^{19}=2(x-1)Q(x)+(x-1)^2Q'(x)+R'(x)$
(여기서 $R'(x)=a$)
$x=1$을 대입하면 $20=a$
$\therefore a=20,\ b=-18$
그러므로 $R(x)=20x-18$이고, $R(2)=22$이다.

TIP▶ 2차식으로 나눈 나머지 함수 $R(x)$는 1차식 이하이다.

23 ①

$f(x) = (\cot^{-1} x)^x = e^{x \ln(\cot^{-1} x)}$로 놓으면

$f'(x) = e^{x \ln(\cot^{-1} x)} \cdot \{x \ln(\cot^{-1} x)\}'$

$\qquad = e^{x \ln(\cot^{-1} x)} \cdot \left\{ \ln(\cot^{-1} x) + \dfrac{x}{\cot^{-1} x} \cdot \left(-\dfrac{1}{1+x^2} \right) \right\}$

$\therefore \dfrac{f'(\sqrt{3})}{f(\sqrt{3})} = \ln(\cot^{-1} \sqrt{3}) + \dfrac{\sqrt{3}}{\cot^{-1} \sqrt{3}} \cdot \left(-\dfrac{1}{1+3} \right)$

$\qquad = \ln \dfrac{\pi}{6} + \dfrac{\sqrt{3}}{\frac{\pi}{6}} \cdot \left(-\dfrac{1}{4} \right)$

$\qquad = \ln \dfrac{\pi}{6} - \dfrac{3\sqrt{3}}{2\pi}$

24 ①

$\dfrac{dx}{dt} = \sec t \tan t,\ \dfrac{dy}{dt} = \sec^2 t$이므로

$\dfrac{dy}{dx} = \dfrac{\frac{dy}{dt}}{\frac{dx}{dt}} = \dfrac{\sec^2 t}{\sec t \tan t} = \dfrac{\sec t}{\tan t} = \csc t$

$\therefore \dfrac{d^2 y}{dx^2} = (\csc t)' \times \dfrac{1}{\frac{dx}{dt}}$

$\qquad = -\csc t \cot t \times \cos t \cot t$

$\therefore \dfrac{d^2 y}{dx^2}\bigg|_{t=\pi/3} = -\csc\left(\dfrac{\pi}{3}\right) \cot^2\left(\dfrac{\pi}{3}\right) \cos\left(\dfrac{\pi}{3}\right)$

$\qquad = -\dfrac{1}{3\sqrt{3}}$

25 ③

$f(1) = e^6 + \ln 5$이므로

$g''(e^6 + \ln 5) = -\dfrac{f''(1)}{\{f'(1)\}^3}$

$\qquad = -\dfrac{36 e^{6y} - \frac{1}{y^2}}{\left(6 e^{6y} + \frac{1}{y} \right)^3}\Bigg|_{y=1} = -\dfrac{36 e^6 - 1}{(6 e^6 + 1)^3}$

$\left(\because f'(x) = 6 e^{6x} + \dfrac{1}{x},\ f''(x) = 36 e^{6x} - \dfrac{1}{x^2} \right)$

26 ②

$x = 1$일 때,

$x^2 + 3xy + y^2 = 5 \Rightarrow 1 + 3y + y^2 = 5$

$\Leftrightarrow y^2 + 3y - 4 = 0$

$\Leftrightarrow (y+4)(y-1) = 0$이므로 $y = 1$이다.

$f(x, y) = x^2 + 3xy + y^2 - 5$라고 할 때, 음함수 미분법에 의하여

$\dfrac{dy}{dx} = -\dfrac{f_x}{f_y} = -\dfrac{2x+3y}{3x+2y} \Rightarrow \dfrac{dy}{dx}\bigg|_{(1,1)} = -1$이고

$\dfrac{d^2 y}{dx^2} = -\dfrac{\left(2 + 3\frac{dy}{dx} \right)(3x+2y) - (2x+3y)\left(3 + 2\frac{dy}{dx} \right)}{(3x+2y)^2}$

$\Rightarrow \dfrac{d^2 y}{dx^2}\bigg|_{(1,1)} = -\dfrac{(2-3)\times 5 - 5\times(3-2)}{5^2} = -\dfrac{-10}{5^2} = \dfrac{2}{5}$이다.

27 ④

$t = \dfrac{3}{4}\pi$일 때, $(x, y) = (-\sqrt{2},\, 0)$을 만족하며

$\dfrac{dy}{dx} = \dfrac{\frac{dy}{dt}}{\frac{dx}{dt}} = \dfrac{-2\sin 2t}{\sec t \tan t} = \dfrac{-4 \sin t \cos t}{\frac{1}{\cos t} \cdot \frac{\sin t}{\cos t}} = -4\cos^3 t$이고

$\dfrac{d^2 y}{dx^2} = -12\cos^2 t (-\sin t) \dfrac{1}{\sec t \tan t} = 12\cos^4 t$이므로

$t = \dfrac{3}{4}\pi$에서 $\dfrac{d^2 y}{dx^2}$의 값은 $12\left(-\dfrac{1}{\sqrt{2}} \right)^4 = 3$이다.

28 ③

$f(x) = x^3 + 3x^2 - 3$이라 두면 $f'(x) = 3x^2 + 6x$이므로
두 번째 근삿값 x_2는

$x_2 = x_1 - \dfrac{f(x_1)}{f'(x_1)}$

$\quad = 1 - \dfrac{f(1)}{f'(1)}$

$\quad = 1 - \dfrac{1}{9} = \dfrac{8}{9}$

따라서 $a = 8$, $b = 9$이고 $a + b = 17$이다.

29 ③

$t = 0$일 때, $f(x) = x^2$이므로 모든 점에서 미분가능하고
$t \neq 0$일 때, $f(x) = |x(x+t)|$이므로 $x = 0$, $x = -t$에서 미분불가능
점(첨점)이 생긴다.

$\therefore g(-1) = 2,\ g(0) = 0,\ \lim_{t \to 0^+} g(t) = 2$로 구하고자 하는 값은

$2 + 0 + 2 = 4$이다.

30 ②

라이프니츠 법칙에 따라

$(fg)^{(n)}(x) = \displaystyle\sum_{r=0}^{n} \dfrac{n!}{r!\,(n-r)!} f^{(n-r)}(x) g^{(r)}(x)$

$\qquad = f^{(n)}(x) g(x) + \displaystyle\sum_{r=1}^{n} \dfrac{n!}{(n-r)!\,r!} f^{(n-r)}(x) g^{(r)}(x)$이므로

$(fg)^{(n)}(x) - \displaystyle\sum_{r=1}^{n} \dfrac{n!}{(n-r)!\,r!} f^{(n-r)}(x) g^{(r)}(x) = f^{(n)}(x) g(x)$

04. 미분의 응용(1)

🔍 문제 p.117

01 ③	**02** ④	**03** ②	**04** ①	**05** ④	**06** ②	**07** ①	**08** ④	**09** ④	**10** ①
11 ④	**12** ③	**13** ④	**14** ②	**15** ④	**16** ④	**17** ④	**18** ④	**19** ②	**20** ④
21 ④	**22** ②	**23** ③	**24** ②	**25** ③	**26** ④	**27** ①	**28** ④	**29** ③	**30** ④
31 ①	**32** ③	**33** ②							

01 ③

$f'(x) = 6x^2 - 36x + 60$
$\qquad = 6(x-3)^2 + 6$
이므로 $f'(x)$는 $x=3$에서 최솟값 6을 갖는다.
$\therefore a+b = 3+6 = 9$

02 ④

문제의 문장을 해석하면 x축과 만나는 점은 곧 곡선 위의 점이 되는 것이고, 그 점에서의 접선의 방정식을 구하라는 문제이다.
먼저 x축과 만난다는 의미는 $y=0$일 때이므로
$y=(t-2)e^t = 0$을 만족하는 t의 값은 2이다. 이를 x에 대입하면
$x = \dfrac{2}{2^2+1} = \dfrac{2}{5}$이다.

따라서 곡선 위의 점 $(x,y) = \left(\dfrac{2}{5},\ 0\right)$이다.

이제 접선의 방정식(=직선의 방정식)을 구해 보면
$$\dfrac{dy}{dx} = \dfrac{dy/dt}{dx/dt} = \dfrac{e^t + (t-2)e^t}{\dfrac{t^2+1-t\times 2t}{(t^2+1)^2}}$$

$$= \dfrac{e^t(t-1)}{-\dfrac{(1+t)(t-1)}{(t^2+1)^2}}$$

$$= \dfrac{-e^t(1+t^2)^2}{1+t}\bigg|_{t=2} = -\dfrac{25}{3}e^2$$

따라서 접선의 방정식은 다음과 같다.
$$y - 0 = -\dfrac{25}{3}e^2\left(x-\dfrac{2}{5}\right) \Leftrightarrow y = -\dfrac{25}{3}e^2 x + \dfrac{10}{3}e^2$$

03 ②

두 개의 접선을 갖는다는 것은 그 점에서 곡선이 서로 만난다는 것을 뜻한다. 그러므로 $t=a$, $t=b$ $(a \neq b)$일 때, 두 곡선이 만나면
$$\begin{cases} a^2 = b^2 & \cdots(\mathrm{i}) \\ a^3 - 3a + 1 = b^3 - 3b + 1 & \cdots(\mathrm{ii}) \end{cases}$$
(i)에서 $a = -b$이므로 (ii)에 대입하면
$-b^3 + 3b = b^3 - 3b \Rightarrow 2b(b^2-3) = 0$이다.
따라서 $b = \pm\sqrt{3}$, $a = \mp\sqrt{3}$이다.
매개변수곡선 $x = t^2$, $y = t^3 - 3t + 1$의 기울기는

$\dfrac{dy}{dx} = \dfrac{\dfrac{dy}{dt}}{\dfrac{dx}{dt}} = \dfrac{3t^2-3}{2t}$이므로

$t = \sqrt{3}$일 때, $\dfrac{dy}{dx} = \dfrac{9-3}{2\sqrt{3}} = \dfrac{6}{2\sqrt{3}}$이고

$t = -\sqrt{3}$일 때, $\dfrac{dy}{dx} = \dfrac{9-3}{-2\sqrt{3}} = -\dfrac{6}{2\sqrt{3}}$이다.

그러므로 점 A(3, 1)에서 두 접선의 기울기의 곱은
$\dfrac{6}{2\sqrt{3}} \times -\dfrac{6}{2\sqrt{3}} = -\dfrac{36}{12} = -3$이다.

04 ①

$y = x\ln(\ln x)$의 $(e, 0)$에서 접선의 기울기
$\dfrac{dy}{dx} = \ln(\ln x) + \dfrac{1}{\ln x}$이고 $\dfrac{dy}{dx}\bigg|_{x=e} = 1$이다.

$y = \dfrac{e^{3x}}{x^2}$의 $(1,\ e^3)$에서의 접선의 기울기

$\dfrac{dy}{dx} = \dfrac{e^{3x}(3x^2 - 2x)}{x^4}$이고 $\dfrac{dy}{dx}\bigg|_{x=1} = e^3$이다.

따라서 두 접선의 기울기의 곱은 $1 \times e^3 = e^3$이다.

05 ④

먼저 접선의 방정식을 구한다.
(i) 지나는 한 점 : $(\sqrt{3},\ 1)$
(ii) 접선의 기울기 :
$$\dfrac{dy}{dx} = \dfrac{\dfrac{dy}{dt}}{\dfrac{dx}{dt}}\bigg|_{t=\frac{\pi}{6}}$$

$$\left(\because 2\sin 2t = \sqrt{3},\ 2\sin t = 1 \text{에서 } t = \dfrac{\pi}{6}\right)$$

$$= \dfrac{2\cos t}{4\cos 2t}\bigg|_{t=\frac{\pi}{6}}$$

$$= \dfrac{\sqrt{3}}{2}$$

접선의 방정식은 다음과 같다.
$$y - 1 = \dfrac{\sqrt{3}}{2}(x - \sqrt{3}) \Leftrightarrow y = \dfrac{\sqrt{3}}{2}x - \dfrac{1}{2}$$
이제 x, y절편을 활용하여 도형의 면적을 계산한다.

x절편 : $\left(\dfrac{1}{\sqrt{3}},\, 0\right)$, y절편 : $\left(0,\, -\dfrac{1}{2}\right)$

이므로 삼각형의 넓이 $S=\dfrac{1}{2}\times\dfrac{1}{\sqrt{3}}\times\dfrac{1}{2}=\dfrac{1}{4\sqrt{3}}$

06 ②

지나는 한 점을 구하기 위해 주어진 함수에 $x=\sqrt{2}$를 대입한다.

$\sqrt{2}=y\sqrt{1+y}$ 에서 $y^3+y^2=2$

$\therefore\ y=1$이며, 지나는 한 점은 $(\sqrt{2},\, 1)$이다.

접선의 기울기를 구하기 위해 주어진 함수를 미분한다.

$x=y\sqrt{1+y}$ 에서 $\dfrac{dx}{dy}=\sqrt{1+y}+\dfrac{y}{2\sqrt{1+y}}=\dfrac{3y+2}{2\sqrt{1+y}}$

$\therefore\ \left[\dfrac{dy}{dx}\right]_{x=\sqrt{2}}=\dfrac{1}{\left[\dfrac{dx}{dy}\right]_{y=1}}=\dfrac{2\sqrt{2}}{5}$

점 $(\sqrt{2},\, 1)$을 지나는 기울기 $\dfrac{2\sqrt{2}}{5}$인 접선의 방정식은

$y=\dfrac{2\sqrt{2}}{5}(x-\sqrt{2})+1=\dfrac{2\sqrt{2}}{5}x+\dfrac{1}{5}$이다.

따라서 $a=\dfrac{2\sqrt{2}}{5}$, $b=\dfrac{1}{5}$이므로 $\dfrac{a}{b}=2\sqrt{2}$ 이다.

07 ①

(i) 지나는 한 점 : $\left(\dfrac{\pi}{2},\, \dfrac{\pi}{2}\right)$

(ii) 접선의 기울기

$y=x^{\csc x}$의 양변에 $\ln$을 씌우면 $\ln y=\csc x\cdot\ln x$이고 양변을 미분하면 다음과 같다.

$\dfrac{1}{y}\dfrac{dy}{dx}=-\csc x\cdot\cot x\cdot\ln x+\csc x\cdot\dfrac{1}{x}$

$\qquad\quad =-\dfrac{1}{\sin x}\cdot\dfrac{\cos x}{\sin x}\cdot\ln x+\dfrac{1}{\sin x}\cdot\dfrac{1}{x}$

$x=\dfrac{\pi}{2}$, $y=\dfrac{\pi}{2}$를 대입하면 다음과 같다.

$\dfrac{2}{\pi}\dfrac{dy}{dx}=\dfrac{2}{\pi}\ \Leftrightarrow\ \dfrac{dy}{dx}=1$

따라서 구하고자 하는 접선의 방정식은

$y-\dfrac{\pi}{2}=x-\dfrac{\pi}{2}\ \Leftrightarrow\ y=x$이다.

즉, $f(x)=x$이고 구하고자 하는 값 $f(1)=1$이다.

08 ④

$f(x)=x^2-3$으로 놓으면 $f'(x)=2x$

접점의 좌표를 $(t,\ t^2-3)$이라 하면

이 점에서의 접선의 기울기는 $f'(t)=2t$이므로

접선의 방정식은

$y-(t^2-3)=2t(x-t)$

$\therefore\ y=2tx-t^2-3$

이 직선이 점 $(0,\, -4)$를 지나므로

$-4=-t^2-3$, $t^2=1$

$\therefore\ t=-1$ 또는 $t=1$

구하고자 하는 두 접선의 기울기의 곱은

$f'(-1)\times f'(1)=(-2)\times 2=-4$이다.

09 ④

x축에 평행한 접선은 $\dfrac{dy}{dx}=0$ 을 만족한다.

양변을 x로 미분하면

$2x+3y+3x\dfrac{dy}{dx}+2y\dfrac{dy}{dx}=0$

$\Leftrightarrow \dfrac{dy}{dx}=-\dfrac{2x+3y}{3x+2y}$ 이다.

$2x+3y=0$일 때 $\dfrac{dy}{dx}=0$ 이므로

$2x+3y=0\ \Rightarrow\ x=-\dfrac{3}{2}y$ 를

곡선 $x^2+3xy+y^2=-5$ 에 대입하면

$\left(-\dfrac{3}{2}y\right)^2+3\left(-\dfrac{3}{2}y\right)y+y^2=-5$

$y^2=4\ \Rightarrow\ y=\pm 2$

따라서 x축에 평행인 두 접선은 $y=-2$, $y=2$ 이다.

두 직선 사이의 거리는 $2-(-2)=4$ 이다.

10 ①

구간 $[x,\ x+1]$에서 $f(x)=\ln x$의 평균값 정리를 적용하면

$\dfrac{\ln(x+1)-\ln x}{x+1-x}=\ln(x+1)-\ln x=f'(c)=\dfrac{1}{c}$

를 만족하는 c가 $x<c<x+1$에 존재한다.

$\dfrac{1}{x+1}<\dfrac{1}{c}<\dfrac{1}{x}$이므로

$\dfrac{1}{x+1}<\ln(x+1)-\ln x<\dfrac{1}{x}$이고

$\dfrac{1}{x+1}+\ln x<\ln(x+1)<\dfrac{1}{x}+\ln x$이다.

즉, $f(x)<g(x)<h(x)$이다.

보기 중 대소 관계를 옳게 나타낸 것은 ① $f(x)<g(x)$이다.

11 ④

ㄱ. $f'(x)=6x^2-6x+2=6\left(x-\dfrac{1}{2}\right)^2+\dfrac{1}{2}\geq\dfrac{1}{2}$ (참)

$\qquad\left(\because 6\left(x-\dfrac{1}{2}\right)^2\geq 0\right)$

ㄴ. $g'(y)=\dfrac{1}{f'(x)}$ 가 성립하므로 $0<g'(x)\leq 2$ 이다. (참)

ㄷ. 함수 $g(x)$는 미분가능하므로 구간 $(x,\, y)$에 대하여 평균값 정리를 적용하면

$\dfrac{g(y)-g(x)}{y-x}=g'(c)$가 성립한다. (단, $x<c<y$)

또한 $0<g'(x)\leq 2$이므로 $0<\dfrac{g(y)-g(x)}{y-x}\leq 2$이고

$0<g(y)-g(x)\leq 2(y-x)$이다. (참)

따라서 보기 중 옳은 것은 ㄱ, ㄴ, ㄷ이다.

12 ③

$y=f(x)$는 $(1,\ 4)$에서 미분가능하므로 평균값 정리에 의해

$\dfrac{f(4)-f(1)}{4-1}=f'(c)$, $1<c<4$

이므로 $\dfrac{f(4)-2}{3}=f'(c)$이다.

주어진 조건에 의해 $2\le \dfrac{f(4)-2}{3}\le 3$이다.

$\therefore 6\le f(4)-2\le 9$

$8\le f(4)\le 11$

13 ④

평균값 정리에 의해 $\dfrac{f(x+2)-f(x-2)}{(x+2)-(x-2)}=f'(c)$인 c가

구간 $(x-2,\ x+2)$에 적어도 하나 존재한다.

이때 $x\to\infty$이면 $c\to\infty$이므로

$\displaystyle\lim_{x\to\infty}\{f(x+2)-f(x-2)\}=\lim_{x\to\infty}\dfrac{f(x+2)-f(x-2)}{(x+2)-(x-2)}\times 4$

$\qquad\qquad =\lim_{c\to\infty}4f'(c)$

$\qquad\qquad =4\times 1$

$\qquad\qquad =4$

14 ②

중간값 정리의 따름 정리에 의해 $f(x)=0$은 구간

$(0,\ 2019)$에서 적어도 2019개의 근을 갖는다.

ㄱ. $f'(x)=0$은 평균값 정리에 따라 구간 $(0,\ 2019)$에서 적어도 2018개의 근을 갖는다.

ㄴ. $f''(x)=0$은 평균값 정리에 따라 구간 $(0,\ 2019)$에서 적어도 2017개의 근을 갖는다.

ㄷ. $f(x)$가 2019차 다항함수일 경우 $f^{(2019)}(x)$는 상수함수가 된다. 따라서 근을 갖지 않는다.

그러므로 참인 명제는 ㄴ이다.

15 ④

로피탈 정리에 의해

$\displaystyle\lim_{h\to 0}\dfrac{g(1+3h)-g(1-h)}{h}=\lim_{h\to 0}3g'(1+3h)+g'(1-h)$

$\qquad\qquad =4g'(1)$

$\qquad\qquad =4\cdot\dfrac{1}{f'(0)}$

$\qquad\qquad =4$

$(\because f'(x)=\cos x\,e^{\sin x}$에서 $f'(0)=1$이다. $\therefore g'(1)=\dfrac{1}{f'(0)})$

16 ④

구간 $\left(-\dfrac{\pi}{4},\ \dfrac{\pi}{4}\right)$에서 함수 $f(x)$가 연속이면

$f(0)=\displaystyle\lim_{x\to 0}f(x)$를 만족해야 한다.

즉, $1=\displaystyle\lim_{x\to 0}\dfrac{x^2+ax+b}{\tan(2x)}$을 만족해야 하므로

$b=0$이어야한다.

$\therefore 1=\displaystyle\lim_{x\to 0}\dfrac{x^2+ax}{\tan(2x)}\ \left(\dfrac{0}{0},\ \text{로피탈정리}\right)$

$\qquad =\displaystyle\lim_{x\to 0}\dfrac{2x+a}{2\sec^2 2x}$

$\qquad =\dfrac{a}{2}$

이므로 $a=2$이다.

그러므로 $a+b=2$이다.

17 ④

$\displaystyle\lim_{x\to a}\dfrac{\sqrt{2a^3x-x^4}-a\sqrt[3]{a^2x}}{a-\sqrt[4]{ax^3}}$

$=\displaystyle\lim_{x\to a}\dfrac{(2a^3x-x^4)^{\frac{1}{2}}-a\cdot a^{\frac{2}{3}}x^{\frac{1}{3}}}{a-a^{\frac{1}{4}}x^{\frac{3}{4}}}\ \left(\dfrac{0}{0},\ \text{로피탈정리}\right)$

$=\displaystyle\lim_{x\to a}\dfrac{\frac{1}{2}(2a^3x-x^4)^{-\frac{1}{2}}(2a^3-4x^3)-\frac{1}{3}a^{\frac{5}{3}}x^{-\frac{2}{3}}}{-\frac{3}{4}a^{\frac{1}{4}}x^{-\frac{1}{4}}}$

$=\dfrac{\frac{1}{2}(a^4)^{-\frac{1}{2}}(-2a^3)-\frac{1}{3}a^{\frac{5}{3}}a^{-\frac{2}{3}}}{-\frac{3}{4}a^{\frac{1}{4}}a^{-\frac{1}{4}}}$

$=\dfrac{-a-\frac{1}{3}a}{-\frac{3}{4}}$

$=\dfrac{16a}{9}$

18 ④

$\displaystyle\lim_{x\to 0}\dfrac{(1+x)f(x)+(1-x)f(-x)-2f(0)}{x^2}$

$=\displaystyle\lim_{x\to 0}\dfrac{f(x)+(1+x)f'(x)-f(-x)-(1-x)f'(-x)}{2x}$

$=\displaystyle\lim_{x\to 0}\dfrac{2f'(x)+(1+x)f''(x)+2f'(-x)+(1-x)f''(-x)}{2}$

$=\dfrac{2f'(0)+f''(0)+2f'(0)+f''(0)}{2}$

$=\dfrac{2-1+2-1}{2}=1$

19 ②

$\lim\limits_{x\to 0}\dfrac{1-e^{ax+b}}{\ln(1+x)}$ 의 극한값이 존재하고,

$x\to 0$ 일 때 $\ln(1+x)\to 0$ 으로 수렴하므로

$(1-e^{ax+b})\to 0$ 으로 수렴해야 한다. 즉, $b=0$ 이다.

이때 $\dfrac{0}{0}$꼴이므로 로피탈 정리에 의해

$$\lim_{x\to 0}\frac{1-e^{ax}}{\ln(1+x)}=\lim_{x\to 0}\frac{-ae^{ax}}{\dfrac{1}{1+x}}=-a=7$$

이므로 $a=-7$ 이다.

$\therefore a+b=-7$

20 ④

$f(0)=1$이므로 $g(1)=0$이다.

$\lim\limits_{x\to 1}\dfrac{\sin\pi x}{g(x)}$ 는 $\dfrac{0}{0}$꼴이므로 로피탈 정리를 이용하면

$$\lim_{x\to 1}\frac{\sin\pi x}{g(x)}=\lim_{x\to 1}\frac{\pi\cos\pi x}{g'(x)}=\frac{-\pi}{g'(1)}$$

$$g'(1)=\frac{1}{f'(0)}=\frac{1}{3(\tan y+1)^2(\sec^2 y)}\bigg|_{y=0}=\frac{1}{3}$$

$$\therefore \frac{-\pi}{g'(1)}=-3\pi$$

21 ④

ㄱ. (주어진 식)은 부정형의 극한 형태로 자연로그를 적용하여 변형한다.

$$(주어진\ 식)=\lim_{x\to 0}e^{\frac{\ln\cos x}{1-\cos x}}$$

이때 $\lim\limits_{x\to 0}\dfrac{\ln\cos x}{1-\cos x}$ 는 $\dfrac{0}{0}$꼴이므로 로피탈 정리를 활용하면

$$\lim_{x\to 0}\frac{-\dfrac{\sin x}{\cos x}}{\sin x}=\lim_{x\to 0}-\frac{1}{\cos x}=-1$$

즉, $\lim\limits_{x\to 0}e^{\frac{\ln\cos x}{1-\cos x}}=e^{-1}$

ㄴ. (주어진 식)은 부정형의 극한 형태로 자연로그를 적용하여 변형한다.

$$(주어진\ 식)=\lim_{x\to -1}e^{\frac{\ln(x+2)}{x+1}}$$

이때 $\lim\limits_{x\to -1}\dfrac{\ln(x+2)}{x+1}$ 는 $\dfrac{0}{0}$꼴이므로 로피탈 정리를 활용하면

$$\lim_{x\to -1}\frac{1}{x+2}=1$$

즉, $\lim\limits_{x\to -1}e^{\frac{\ln(x+2)}{x+1}}=e^1=e$

ㄷ. (주어진 식)에서 $x=-t$로 치환하면

$$\lim_{t\to\infty}\left(1-\frac{1}{t}\right)^{-t}=\lim_{t\to\infty}\left(1+\left(-\frac{1}{t}\right)\right)^{-t}=e$$

ㄹ. (주어진 식)$=\lim\limits_{x\to\infty}\left(1-\dfrac{1}{x}\right)^{-x}=\lim\limits_{x\to\infty}\left(1+\left(-\dfrac{1}{x}\right)\right)^{-x}=e$

보기 중 극한값이 e인 것은 ㄴ, ㄷ, ㄹ이다.

22 ②

$$ㄱ=\lim_{x\to 0}\frac{x-\sin x}{\tan x-x}\left(\frac{0}{0}\right)=\lim_{x\to 0}\frac{1-\cos x}{\sec^2 x-1}\left(\frac{0}{0}\right)$$

$$=\lim_{x\to 0}\frac{\sin x}{2\sec^2 x\tan x}=\lim_{x\to 0}\frac{\sin x}{2\dfrac{1}{\cos^2 x}\dfrac{\sin x}{\cos x}}$$

$$=\lim_{x\to 0}\frac{\cos^3 x}{2}=\frac{1}{2}$$

$$ㄴ=\lim_{x\to\frac{\pi}{2}}\frac{\tan 3x}{\tan 5x}\left(\frac{\infty}{\infty}\right)=\lim_{x\to\frac{\pi}{2}}\frac{3\sec^2 3x}{5\sec^2 5x}$$

$$=\lim_{x\to\frac{\pi}{2}}\frac{3\cos^2 5x}{5\cos^2 3x}=\lim_{x\to\frac{\pi}{2}}\frac{3(1+\cos 10x)}{5(1+\cos 6x)}\left(\frac{0}{0}\right)$$

$$=\lim_{x\to\frac{\pi}{2}}\frac{-30\sin 10x}{-30\sin 6x}=\lim_{x\to\frac{\pi}{2}}\frac{\sin 10x}{\sin 6x}\left(\frac{0}{0}\right)$$

$$=\lim_{x\to\frac{\pi}{2}}\frac{10\cos 10x}{6\cos 6x}$$

$$=\frac{-10}{-6}=\frac{5}{3}$$

$$ㄷ=\lim_{x\to 0}(\cos x)^{\csc x}$$

$$=\lim_{x\to 0}e^{\frac{\ln(\cos x)}{\sin x}}\ (지수가\ \frac{0}{0}꼴)$$

$$=\lim_{x\to 0}e^{\frac{-\sin x}{\cos x}}=e^0=1$$

$$ㄹ=\lim_{x\to 0}\left(\frac{\sin x}{x}\right)^{\frac{1}{x^2}}$$

$$=\lim_{x\to 0}e^{\frac{\ln\left(\frac{\sin x}{x}\right)}{x^2}}\ (지수가\ \frac{0}{0}꼴)$$

$$=\lim_{x\to 0}e^{\frac{\frac{\cos x}{\sin x}-\frac{1}{x}}{2x}}$$

$$=\lim_{x\to 0}e^{\frac{x\cos x-\sin x}{2x^2\sin x}}\ (지수가\ \frac{0}{0}꼴)$$

$$=\lim_{x\to 0}e^{\frac{\cos x-x\sin x-\cos x}{4x\sin x+2x^2\cos x}}$$

$$=\lim_{x\to 0}e^{\frac{-\sin x}{4\sin x+2x\cos x}}\ (지수가\ \frac{0}{0}꼴)$$

$$=\lim_{x\to 0}e^{\frac{-\cos x}{4\cos x+2\cos x-2x\sin x}}$$

$$=e^{-\frac{1}{6}}$$

보기 중 가장 큰 값은 ㄴ이다.

23 ③

$\left(x - \dfrac{\pi}{2}\right)^2 \cos x = \sum\limits_{n=0}^{\infty} a_n \left(x - \dfrac{\pi}{2}\right)^n$ 에서

$x - \dfrac{\pi}{2} = t$로 치환하면,

$$\left(x - \frac{\pi}{2}\right)^2 \cos x = t^2 \cos\left(t + \frac{\pi}{2}\right)$$

$$= -t^2 \sin t$$

$$= -t^2 \left(t - \frac{1}{3!}t^3 + \frac{1}{5!}t^5 + \cdots\right)$$

$$= -t^3 + \frac{1}{3!}t^5 - \frac{1}{5!}t^7 + \cdots$$

$$= \sum_{n=0}^{\infty} a_n t^n$$

이고 $a_5 = 5$차항의 계수이므로 $a_5 = \dfrac{1}{3!}$ 이다.

24 ②

$f^{(2020)}\left(\dfrac{\pi}{3}\right) = f^{(4)}\left(\dfrac{\pi}{3}\right) = \sin\left(\dfrac{\pi}{3}\right) = \dfrac{\sqrt{3}}{2}$ 이므로

$\left(x - \dfrac{\pi}{3}\right)^{2020}$ 의 계수는

$\dfrac{f^{(2020)}\left(\dfrac{\pi}{3}\right)}{2020!} = \dfrac{\sqrt{3}}{2 \cdot 2020!}$ 이다.

25 ③

$$f(x) = \frac{1}{1+2x}e^{x^2} = \left\{1 - 2x + (2x)^2 - (2x)^3 + (2x)^4 - (2x)^5 + \cdots\right\}$$

$$\times \left\{1 + x^2 + \frac{1}{2!}(x^2)^2 + \frac{1}{3!}(x^2)^3 + \cdots\right\}$$

$$= (1 - 2x + 2^2 x^2 - 2^3 x^3 + 2^4 x^4 - 2^5 x^5 + \cdots)$$

$$\times (1 + x^2 + \frac{1}{2!}x^4 + \frac{1}{3!}x^6 + \cdots)$$

$$= \cdots + \left(-2 \cdot \frac{1}{2!} - 2^3 - 2^5\right)x^5 + \cdots$$

$\therefore c_5 = -41$

26 ④

$$f(x) = \frac{2}{1 + 2x - x^2} = \frac{2}{2 - (x^2 - 2x + 1)}$$

$$= \frac{2}{2} \cdot \frac{1}{1 - \dfrac{(x-1)^2}{2}} \quad (x - 1 = t로 \ 치환)$$

$$= \frac{1}{1 - \dfrac{t^2}{2}}$$

$$= 1 + \left(\frac{t^2}{2}\right) + \left(\frac{t^2}{2}\right)^2 + \left(\frac{t^2}{2}\right)^3 + \left(\frac{t^2}{2}\right)^4 + \cdots$$

$$= 1 + \frac{t^2}{2} + \frac{t^4}{4} + \frac{t^6}{8} + \frac{t^8}{16} + \cdots$$이므로

$P(x) = 1 + \dfrac{(x-1)^2}{2} + \dfrac{(x-1)^4}{4} + \dfrac{(x-1)^6}{8} + \dfrac{(x-1)^8}{16}$ 이다.

그러므로 $P^{(6)}(1) = \dfrac{6!}{8} = 6 \times 5 \times 3 \times 1 = 90$이다.

27 ①

$\sin x = x - \dfrac{x^3}{3!} + \dfrac{x^5}{5!} - \cdots$,

$\tan^{-1} x = x - \dfrac{x^3}{3} + \dfrac{x^5}{5} - \cdots$ 이므로

$\sin(\tan^{-1}(x^2))$의 매클로린 급수 전개식은

$$\left(x^2 - \frac{x^6}{3} + \frac{x^{10}}{5} - \cdots\right) - \frac{1}{3!}\left(x^2 - \frac{x^6}{3} + \frac{x^{10}}{5} - \cdots\right)^3$$

$$+ \frac{1}{5!}\left(x^2 - \frac{x^6}{3} + \frac{x^{10}}{5} - \cdots\right)^5 \cdots$$

$$= x^2 - \frac{x^6}{3} - \frac{1}{3!}x^6 + \cdots$$

이다. 이때,

$$f^{(6)}(0) = \left(-\frac{1}{3} - \frac{1}{3!}\right) \cdot 6!$$

$$= -3 \times 5!$$

$$= -360$$

28 ④

$f'(x) = f(x) + x$

$\Leftrightarrow a_1 + 2a_2 x + 3a_3 x^2 + \cdots$

$= a_0 + (a_1 + 1)x + a_2 x^2 + \cdots$

양변의 계수를 비교하면

$a_0 = a_1,\ 2a_2 = a_1 + 1,\ 3a_3 = a_2$가 성립한다.

$f(0) = a_0 = 1$이므로 $a_1 = 1,\ a_2 = 1,\ a_3 = \dfrac{1}{3}$이다.

$\therefore a_3 = \dfrac{f^{(3)}(0)}{3!} \Leftrightarrow f^{(3)}(0) = \dfrac{1}{3} \times 3! = 2$

29 ③

이항급수 전개에 의해

$(1+x)^{10} = {}_{10}C_0 + {}_{10}C_1 x + {}_{10}C_2 x^2 + \cdots + {}_{10}C_{10} x^{10}$

이 성립하므로

$f(x) = (1+x)^{10} - 1 = {}_{10}C_1 x + {}_{10}C_2 x^2 + \cdots + {}_{10}C_{10} x^{10}$

이다.

그러므로 $f\left(\dfrac{1}{2}\right) = \left(1 + \dfrac{1}{2}\right)^{10} - 1 = \left(\dfrac{3}{2}\right)^{10} - 1$이다.

30 ④

$$\lim_{x \to 0} \frac{1 - \cos(\sin^2(2x))}{x^4}$$

$$= \lim_{x \to 0} \frac{1 - \left\{ 1 - \frac{1}{2!}(\sin^2(2x))^2 + \frac{1}{4!}(\sin^2(2x))^4 + \cdots \right\}}{x^4}$$

$$= \lim_{x \to 0} \frac{1}{x^4} \left[1 - \left\{ 1 - \frac{1}{2!}\left(2x - \frac{1}{3!}(2x)^3 + \cdots\right)^4 \right. \right.$$
$$\left. \left. + \frac{1}{4!}\left(2x - \frac{1}{3!}(2x)^3 + \cdots\right)^8 + \cdots \right\} \right]$$

$$= \lim_{x \to 0} \frac{\frac{1}{2!}(2x)^4 + \cdots}{x^4} = \frac{2^4}{2!} = 8$$

31 ①

$x = 0$ 근방에서

$$f(x) = \frac{1}{x^3}(\cos x^2 - 1)$$

$$= \frac{1}{x^3}\left\{ \left(1 - \frac{x^4}{2!} + \frac{x^8}{4!} - \frac{x^{12}}{6!} + \cdots\right) - 1 \right\} \text{이므로}$$

x^9의 계수는 $-\dfrac{1}{6!}$이다.

$$\therefore f^{(9)}(0) = 9! \times (x^9 \text{의 계수}) = -\frac{9!}{6!} = -504$$

32 ③

$$f(x) = \frac{2}{x^2}\left\{ \left(1 - x + \frac{1}{2!}x^2 - \frac{1}{3!}x^3 + \frac{1}{4!}x^4 - \frac{1}{5!}x^5 + \cdots\right) - 1 + x \right\}$$

$$= 1 - \frac{1}{3}x + \frac{1}{12}x^2 - \frac{1}{60}x^3 + \cdots \text{이므로}$$

$$f'''(0) = -\frac{1}{60} \times 3! = -\frac{1}{10} \text{이다.}$$

33 ②

$f(x) = x^{\frac{1}{2}}$, $f'(x) = \frac{1}{2}x^{-\frac{1}{2}}$, $f''(x) = -\frac{1}{4}x^{-\frac{3}{2}}$, $f'''(x) = \frac{3}{8}x^{-\frac{5}{2}}$이다.

$a = 4$에서 함수 $f(x) = \sqrt{x}$의 2차 테일러 다항식을 이용하여 근삿값을 구할 때,

오차는 $R_3(x) = \dfrac{f^{(3)}(x)}{3!}(x-4)^3$ (단, $x \in [3, 5]$)이다.

$x^{\frac{5}{2}} \geq 3^{\frac{5}{2}}$이고 $-1 \leq x - 4 \leq 1$에서

$\dfrac{1}{3!}f^{(3)}(x) = \dfrac{1}{3!}\dfrac{3}{8}x^{-\frac{5}{2}} = \dfrac{1}{16x^{\frac{5}{2}}}$ (단, $x \in [3, 5]$)이므로

$\dfrac{1}{3!}f^{(3)}(x) \leq \dfrac{1}{16}3^{-\frac{5}{2}}$이다.

그러므로 오차의 한계는 $\dfrac{1}{16}3^{-\frac{5}{2}} = \dfrac{1}{16} \times 0.064 = 0.004$이다.

01 ②	02 ④	03 ②	04 ③	05 ②	06 ②	07 ③	08 ①	09 ①	10 ②
11 ①	12 ②	13 ③	14 ③	15 ①	16 ②	17 ③	18 ③	19 ③	20 ④
21 ④	22 ④	23 ③	24 ④	25 ②					

01 ②

ㄱ. $h_1{}'(x) = f'(x) + g'(x)$

$f'(x) \geq 0$, $g'(x) \geq 0$이므로 (∵ 미분가능한 증가함수)

$h_1{}'(x) \geq 0$이다.

따라서 $h_1(x)$는 증가함수이다.

ㄴ. $h_2{}'(x) = f'(x)g(x) + f(x)g'(x)$이고

$f'(x) \geq 0$, $g'(x) \geq 0$이지만

$g(x)$와 $f(x)$는 부호를 알 수 없으므로

$h_2(x)$는 증가함수라고 할 수 없다.

ㄷ. $h_3{}'(x) = f'(g(x))g'(x) + g'(f(x))f'(x)$이고

$f'(x) \geq 0$, $g'(x) \geq 0$이므로 $h_3{}'(x) \geq 0$이다.

따라서 $h_3(x)$는 증가함수이다.

ㄹ. $h_4{}'(x) = 3x^2 f'(x^3) + 2x g'(x^2)$이고

$f'(x) \geq 0$, $g'(x) \geq 0$, $3x^2 \geq 0$이지만

$2x$는 범위에 따라 음수값을 가질 수 있으므로

$h_4(x)$를 증가함수라고 할 수 없다.

그러므로 증가함수라고 할 수 있는 것은 $h_1(x)$, $h_3(x)$ 즉, 2개이다.

02 ④

옌센 부등식 $f\left(\dfrac{x+y+z}{3}\right) \leq \dfrac{f(x)+f(y)+f(z)}{3}$ 를 만족하는

함수의 그래프 형태는 아래로 볼록(위로 오목)한 그래프이다.

ㄱ. $\dfrac{\pi}{2} \leq x \leq \pi$에서

$f'(x) = 2\cos 2x$, $f''(x) = -4\sin 2x \geq 0$

이므로 $f(x) = \sin 2x$는 아래로 볼록하다.

ㄴ. $0 < x < \dfrac{\pi}{2}$에서

$f'(x) = \sec^2 x$, $f''(x) = 2\sec^2 x \tan x \geq 0$

이므로 $f(x) = \tan x$는 아래로 볼록하다.

ㄷ. $\dfrac{\pi}{2} \leq x \leq \dfrac{3}{2}\pi$에서

$f'(x) = -\sin x$이고 $f''(x) = -\cos x \geq 0$

이므로 $f(x) = \cos x$는 아래로 볼록하다.

ㄹ. (i) $x < -1$일 때

$f(x) = -(x+1) - (x) - (x-1) = -3x$

(ii) $-1 \leq x \leq 0$일 때

$f(t) = (x+1) - x - (x-1) = -x + 2$

(iii) $0 < x \leq 1$일 때

$f(x) = x + 1 + x - (x-1) = x + 2$

(iv) $1 < x$일 때

$f(x) = (x+1) + x + (x-1) = 3x$

이므로 기울기가 증가한다.

따라서 $f(x) = |x+1| + |x| + |x-1|$은 아래로 볼록하다.

그러므로 아래로 볼록한 함수는 보기 중 4개이다.

03 ②

(i) $x \leq 0$일 때

$f(x) = \dfrac{1}{1-x} + \dfrac{1}{1-(x-1)} = \dfrac{1}{1-x} + \dfrac{1}{2-x}$이고

$f'(x) = \dfrac{1}{(1-x)^2} + \dfrac{1}{(2-x)^2} > 0$이므로 증가함수이다.

(ii) $0 < x \leq 1$일 때

$f(x) = \dfrac{1}{1+x} + \dfrac{1}{1-(x-1)} = \dfrac{1}{1+x} + \dfrac{1}{2-x}$이고

$f'(x) = -\dfrac{1}{(1+x)^2} + \dfrac{1}{(2-x)^2}$

$= \dfrac{-(2-x)^2 + (1+x)^2}{(1+x)^2(2-x)^2}$

$= \dfrac{6x-3}{(1+x)^2(2-x)^2}$

이므로 $x = \dfrac{1}{2}$에서 임계점을 갖는다.

(iii) $x > 1$일 때

$f(x) = \dfrac{1}{1+x} + \dfrac{1}{1+(x-1)} = \dfrac{1}{1+x} + \dfrac{1}{x}$이고

$f'(x) = -\dfrac{1}{(1+x)^2} - \dfrac{1}{x^2} < 0$이므로 감소함수이다.

(i), (ii), (iii)을 이용하여 증감표를 그려보면 아래와 같다.

	$x < 0$	$0 < x < \dfrac{1}{2}$	$\dfrac{1}{2} < x < 1$	$1 < x$
$f'(x)$의 부호	+	−	+	−

즉, 함수 $f(x)$는 $x = 0$과 $x = 1$에서 극댓값을 가지며, $x = \dfrac{1}{2}$에서 극솟값을 갖는다. 그러므로 극댓점의 개수는 2개다.

04 ③

$$f'(x) = \frac{3}{x} - \frac{2}{x^2} - 1$$
$$= \frac{-x^2 + 3x - 2}{x^2}$$
$$= -\frac{(x-2)(x-1)}{x^2}$$
$$f''(x) = -\frac{3}{x^2} + \frac{4x}{x^4}$$
$$= -\frac{3}{x^2} + \frac{4}{x^3}$$

$f''(1) > 0$, $f''(2) < 0$
이므로 $x=1$에서 극솟값을 , $x=2$에서 극댓값을 갖는다.
$f(1) = 1$ 이므로 $\alpha = 1$, $m=1$
$\therefore 3\alpha + 2m = 5$

05 ②

$y' = 4x - x^3$
$y'' = 4 - 3x^2$
위로 오목(아래로 볼록)이면 $y'' > 0$ 이므로
$4 - 3x^2 > 0 \Leftrightarrow 3x^2 - 4 < 0$
$$\Leftrightarrow -\frac{2}{\sqrt{3}} < x < \frac{2}{\sqrt{3}}$$
즉, 함수 $y = 2x^2 - \frac{1}{4}x^4$이 위로 오목한 구간은 $\left(-\frac{2}{\sqrt{3}}, \frac{2}{\sqrt{3}}\right)$다.

TIP ▶ 함수 f의 그래프가 주어진 구간에서 함수의 모든 접선 위에 존재한다면 '위로 오목', 반대로 함수의 모든 접선 아래쪽에 존재하면 '아래로 오목'이라고 한다.

06 ②

삼차함수 $f(x) = ax^3 + bx^2 + cx + d$라고 할 때
$(0, 8)$에서 변곡점이므로
$f(0) = d = 8$이고, $f''(0) = 2b = 0 \Leftrightarrow b = 0$이다.
또한, $x = -2$에서 극댓값 24를 가지므로
$f'(-2) = 12a + c = 0$과
$f(-2) = -8a - 2c + 8 = 24 \Leftrightarrow -4a - c = 8$
두 식을 연립하면 $a=1$, $c=-12$이다.
$\therefore f(x) = x^3 - 12x + 8$
$f'(x) = 3x^2 - 12$
$= 3(x+2)(x-2)$
$f''(x) = 6x$이므로
$x = 2$에서 극솟값 $f(2) = 8 - 24 + 8 = -8$을 갖는다.

07 ③

$y' = -2\sin 2x - 2kx$
$y'' = -4\cos 2x - 2k$
$\Rightarrow -4 - 2k \leq -4\cos 2x - 2k \leq 4 - 2k$ $(\because -1 \leq \cos 2x \leq 1)$
변곡점을 가지려면 이계 도함수의 부호가 바뀌는 부분이 있어야 하므로

이계 도함수의 최솟값은 음수가 되고, 최댓값은 양수가 되어야 한다.
그러므로 $-4 - 2k < 0$이고, $4 - 2k > 0$이다.
$\therefore -2 < k < 2 \Rightarrow k = -1, 0, 1$
따라서 변곡점을 갖게 되는 정수 k의 개수는 3개다.

08 ①

점근선 중 수직 또는 수평이 아닌 점근선은 사점근선이다.
$\lim\limits_{x \to \infty} [f(x) - (ax+b)] = 0$을 만족할 때,
$y = ax + b$를 사점근선이라 한다. 따라서
$$\lim_{x \to \infty} \left\{ \frac{x^3 - x^2 + 2}{x^2 + x + 1} - (ax+b) \right\}$$
$$= \lim_{x \to \infty} \frac{(x^3 - x^2 + 2) - (ax+b)(x^2 + x + 1)}{x^2 + x + 1}$$
$$= \lim_{x \to \infty} \frac{(1-a)x^3 - (a+b+1)x^2 - (a+b)x + (2-b)}{x^2 + x + 1} = 0$$
이를 만족하려면 $(1-a) = 0$, $-(a+b+1) = 0$에서
$a = 1$, $b = -2$이다.
그러므로 사점근선은 $y = x - 2$이다.

09 ①

$f(x) = x^3 + 4x + 1$이라 할 때
$f'(x) = 3x^2 + 4 > 0$이므로 $f(x)$는 증가함수이다.
또한 $f(0) = 1$이므로 $x > 0$일 때, $f(x) > 0$이다.
즉, 양의 실근의 개수는 0이다.

10 ②

$x \leq 1$일 때, $f'(x) \geq 0$이므로 $f(x)$는 증가하고
$1 < x < 4$일 때, $f'(x) \leq 0$이므로 $f(x)$는 감소하며
$4 \leq x$일 때, $f'(x) \geq 0$이므로 $f(x)$는 증가한다.
따라서 $f(x)$의 개형은 아래 그림과 같고,
주어진 $f(x)$ 값들 중에서 가장 큰 값은 $f(1)$이다.

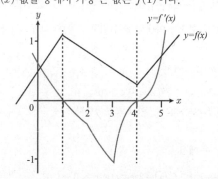

11 ①

$f(x) = \frac{x^3 + 5x + k}{x^2 + 1}$와 $g(x) = 2x$를 연립하면

$\dfrac{x^3+5x+k}{x^2+1}=2x \Leftrightarrow x^3-3x-k=0$이므로

$h(x)=x^3-3x-k$라 하면 $h(x)$의 근의 개수가 교점의 개수와 같다.

$h'(x)=3x^2-3=3(x+1)(x-1)$이므로 $x=\pm 1$에서 임계점을 갖는다.

또한 $h''(x)=6x$에서 $h''(1)>0$이므로 극솟값 $h(1)=-2-k$를 가지며, $h''(-1)<0$이므로 극댓값 $h(-1)=2-k$를 갖는다.

이때, $h(x)$의 근이 두 개 이상이기 위해서는

$h(-1)\geq 0$과 $h(1)\leq 0$을 동시에 만족해야 하므로

$2-k\geq 0$, $-2-k\leq 0$을 정리하면

$-2\leq k\leq 2$일 때, $h(x)=x^3-3x-k$의 근이 2개 이상이 된다.

즉, 해당하는 정수 k는 5개다. ($\because k=-2,\,-1,\,0,\,1,\,2$)

12 ②

반지름을 x, 높이를 y라 하면

체적 $V=\pi x^2 y=$(일정)이므로 $y=\dfrac{V}{\pi x^2}$가 된다.

표면적 $S=2\pi x^2+2\pi xy=2\pi(x^2+xy)=2\pi\left(x^2+x\dfrac{V}{\pi x^2}\right)$이고

$\dfrac{dS}{dx}=2\pi\left(2x-\dfrac{V}{\pi x^2}\right)=0$으로부터 $x=\sqrt[3]{\dfrac{V}{2\pi}}$ 를 얻는다.

이 점의 좌우에서 $\dfrac{dS}{dx}$의 부호가 $-$에서 $+$로 바뀌므로

표면적이 최소가 되는 반지름이 된다.

13 ③

밑면의 정삼각형 한 변의 길이를 x, 삼각기둥의 높이를 h, 부피를 V, 겉넓이를 S라고 할 때, 부피가 $16\ \text{cm}^3$으로 일정하므로

$V=\dfrac{\sqrt{3}}{4}x^2 h=16 \Rightarrow h=\dfrac{16}{\dfrac{\sqrt{3}}{4}x^2}=\dfrac{64}{\sqrt{3}x^2}$이다.

또한 겉넓이는 $S=3xh+\dfrac{\sqrt{3}}{2}x^2$이므로

$h=\dfrac{64}{\sqrt{3}x^2}$을 대입하면

$S=3x\left(\dfrac{64}{\sqrt{3}x^2}\right)+\dfrac{\sqrt{3}}{2}x^2=\dfrac{64\sqrt{3}}{x}+\dfrac{\sqrt{3}}{2}x^2$이다.

따라서 $S'=-\dfrac{64\sqrt{3}}{x^2}+\sqrt{3}x=\dfrac{-64\sqrt{3}+\sqrt{3}x^3}{x^2}$이므로

$x^3=64 \Leftrightarrow x=4$일 때, 최솟값을 갖는다.

TIP ▶ 정삼각기둥의 부피와 겉넓이

밑넓이$=\dfrac{1}{2}\times x\times\sqrt{\dfrac{3x}{4}}=\dfrac{\sqrt{3}}{4}x^2$

부피$=$밑넓이$\times$높이$=\dfrac{\sqrt{3}}{4}x^2 h$

겉넓이$=$옆면 넓이$\times 3+$밑넓이$\times 2=3xh+\dfrac{\sqrt{3}}{2}x^2$

14 ③

타원 위의 임의의 점 $P(x,\,y)$라 하면

$\dfrac{x^2}{3}+y^2=1 \Rightarrow y^2=1-\dfrac{x^2}{3} \Rightarrow y=\sqrt{1-\dfrac{x^2}{3}}$

$\therefore P(x,\,y)=P\left(x,\,\sqrt{1-\dfrac{x^2}{3}}\right)$

타원에 내접하는 직사각형 둘레를 l이라 하면

$l=4x+4y=4(x+y)=4\left(x+\sqrt{1-\dfrac{x^2}{3}}\right)$

$l'=4\left(1-\dfrac{\dfrac{2}{3}x}{2\sqrt{1-\dfrac{x^2}{3}}}\right)=4\left(1-\dfrac{x}{3\sqrt{1-\dfrac{x^2}{3}}}\right)$

$l'=0$이 되는 x를 구하면 l의 최대를 구할 수 있다.

$1=\dfrac{x}{3\sqrt{1-\dfrac{x^2}{3}}}$에서 $x=\pm\dfrac{3}{2}$

$l\big|_{x=\frac{3}{2}}=4\left(1-\dfrac{\dfrac{3}{2}}{3\sqrt{1-\dfrac{1}{3}\times\left(\dfrac{3}{2}\right)^2}}\right)=8$

따라서 직사각형의 최대 둘레는 8이다.

15 ①

곡선의 방정식을 $y_1=x_1{}^2+1$이라하고 직선의 방정식을

$y_2=2x_2-1$라 하면 곡선과 직선 사이의 최단거리는

$\dfrac{dy_1}{dx_1}=\dfrac{dy_2}{dx_2}$일 때의 거리가 된다.

$\dfrac{dy_1}{dx_1}=2x_1$과 $\dfrac{dy_2}{dx_2}=2$이고, 이를 만족하는 $(x_1,\,y_1)$을 찾으면

$x_1=1$, $y_1=2$이다.

점 P와 점 Q사이의 거리는 곡선 위의 점 P(1, 2) 위에서

직선 $y=2x-1 \Leftrightarrow 2x-y-1=0$까지의 최단거리와 같다.

점과 직선 사이의 거리 공식을 이용하여

직선 $2x-y-1=0$과 점 P(1, 2) 사이의 거리를 구하면

$d=\dfrac{|2-2-1|}{\sqrt{1+4}}=\dfrac{1}{\sqrt{5}}$이다.

따라서 점 P와 Q 사이 거리의 최솟값은 $\dfrac{1}{\sqrt{5}}$이다.

TIP ▶ 점 $(x_1,\,y_1)$과 직선 $ax+by+c=0$ 사이의 거리 공식

$d=\dfrac{|ax_1+by_1+c|}{\sqrt{a^2+b^2}}$

16 ②

타원 위의 한 점을 $(u,\,v)$라고 하면 $u^2+\dfrac{v^2}{a^2}=1$을 만족한다.

점 (1, 0)과 가장 멀리 떨어진 타원 위의 점까지의 거리를 d라고 할 때

$d=\sqrt{(u-1)^2+v^2} \Leftrightarrow d=\sqrt{(u-1)^2+a^2(1-u^2)}$이다.

$f(u)=(u-1)^2+a^2(1-u^2)$이라 두면

$u = -\dfrac{1}{3}$에서 최대가 된다 하였으므로

$f'(u) = 2(u-1) + a^2(-2u) = 2u - 2 - 2a^2u$

$\Rightarrow f'\left(-\dfrac{1}{3}\right) = -\dfrac{2}{3} - 2 + \dfrac{2}{3}a^2 = \dfrac{-8 + 2a^2}{3} = 0$

을 만족해야 한다. 따라서 $a = 2$이다. ($\because a > 1$인 조건)

17 ③

$f(x) = \sqrt{4x - x^2} - \sqrt{6x - x^2 - 8}$이므로 $2 \leq x \leq 4$
에서 정의된다. 또한 유리화하면 다음과 같다.

$f(x) = \sqrt{4x - x^2} - \sqrt{6x - x^2 - 8} = \dfrac{2\sqrt{4-x}}{\sqrt{x} + \sqrt{x-2}}$

$f'(x) = \dfrac{\dfrac{-1}{\sqrt{4-x}}(\sqrt{x} + \sqrt{x-2}) - 2\sqrt{4-x}\left(\dfrac{1}{2\sqrt{x}} + \dfrac{1}{2\sqrt{x-2}}\right)}{(\sqrt{x} + \sqrt{x-2})^2}$

$x = 2$일 때, 최댓값 $f(2) = \dfrac{2\sqrt{2}}{\sqrt{2}} = 2$이고

$x = 4$일 때, 최솟값 $f(4) = \dfrac{0}{2 + \sqrt{2}} = 0$이다.

18 ③

함수 $f(x)$는 $f'(x) = 4x^3 - 4k = 0$이 되는 $x = k^{\frac{1}{3}}$에서 극솟값이자 최
솟값을 갖는다.
즉, 최솟값은

$f\left(k^{\frac{1}{3}}\right) = \left(k^{\frac{1}{3}}\right)^4 - 4k\left(k^{\frac{1}{3}}\right) + 8k - 1 = -3k^{\frac{4}{3}} + 8k - 1 = m(k)$

$m'(k) = -4k^{\frac{1}{3}} + 8$, $m''(k) = -\dfrac{4}{3}k^{-\frac{2}{3}}$에 대해

$m'(8) = 0$, $m''(8) < 0$이므로
$k = 8$에서 극댓값이자 최댓값을 갖는다.

19 ③

$x - \dfrac{3}{x} = t$라 치환하면 $g(x) = x - \dfrac{3}{x}$라고 할 때,

$g'(x) = 1 + \dfrac{3}{x^2} > 0 \Rightarrow g(x)$는 증가함수이고,

x의 범위가 $1 \leq x \leq 3$이므로

$x - \dfrac{3}{x} = t$에서 t의 범위는 $-2 \leq t \leq 2$가 된다.

$\therefore$ (주어진 식) $= h(t) = 2t^3 - 15t^2 + 36t - 50$ $(-2 \leq t \leq 2)$이다.
$h'(t) = 6t^2 - 30t + 36$
$= 6(t^2 - 5t + 6)$
$= 6(t-2)(t-3)$
이 되고, $t = 2$에서 극댓값을 갖는다.
최댓값, 최솟값을 구하기 위해서 t의 양끝값과 극값 비교하면
$h(-2) = -198$, $h(2) = -22$ 각각이 최솟값, 최댓값이 된다.
$\therefore$ 최댓값$-$최솟값 $= -22 - (-198) = 176$

20 ④

열기구의 상승높이를 h, 관측자가 보는 각도를 θ라고 할 때,
$\tan\theta = \dfrac{h}{100}$이므로 $h = 50$일 때, $\tan\theta = \dfrac{1}{2}$이다.

또한 $\tan\theta = \dfrac{h}{100}$을 시간 t로 미분하면

$\sec^2\theta \dfrac{d\theta}{dt} = \dfrac{1}{100} \dfrac{dh}{dt}$이고

조건 $h = 50$, $\tan\theta = \dfrac{1}{2}$, $\dfrac{dh}{dt} = 25$를 대입하면

$\dfrac{5}{4} \dfrac{d\theta}{dt} = \dfrac{1}{100} \times 25$ $(\because \sec^2\theta = 1 + \tan^2\theta)$

$\Leftrightarrow \dfrac{d\theta}{dt} = \dfrac{1}{4} \times \dfrac{4}{5} = \dfrac{1}{5}$이다.

21 ④

수면의 반지름을 $r\,(\text{m})$, 물의 깊이를 $h\,(\text{m})$라고 하면 $r : h = 1 : 2$
이므로 $r = \dfrac{1}{2}h$이고, 물의 부피를 V라고 하면

$V = \dfrac{1}{3}\pi r^2 h = \dfrac{1}{12}\pi h^3$이다.

양변을 t에 대하여 미분하면

$\dfrac{dV}{dt} = \dfrac{\pi}{4}h^2 \dfrac{dh}{dt} \Rightarrow \dfrac{dh}{dt} = \dfrac{4}{\pi h^2} \dfrac{dV}{dt}$이고, 주어진 조건에서

$\dfrac{dV}{dt} = 3$, $h = 4$이므로

$\therefore \dfrac{dh}{dt} = \dfrac{4}{\pi \times 4^2} \times 3 = \dfrac{3}{4\pi}$

TIP ▶ 원뿔의 부피

$V = \dfrac{1}{3}\pi r^2 h$

22 ④

정육면체의 한 변의 길이를 x, 부피를 V, 겉넓이를 S라 두면
$V = x^3$, $S = 6x^2$이다.
$V = x^3$의 양변을 시간 t로 미분하면

$\dfrac{dV}{dt} = 3x^2 \dfrac{dx}{dt}$이고 주어진 조건에서

$\dfrac{dV}{dt} = 10$, $x = 30$이므로

$10 = 3 \times 30^2 \times \dfrac{dx}{dt} \Rightarrow \dfrac{dx}{dt} = \dfrac{1}{270}$

$S = 6x^2$의 양변을 시간 t로 미분하면

$\dfrac{dS}{dt} = 12x \dfrac{dx}{dt} = 12 \times 30 \times \dfrac{1}{270} = \dfrac{4}{3}$ cm^2/min

23 ③

점 $A(-1, 5)$와 $x = t^2 - 2t$, $y = t + 1$인 곡선 위의 점 P를
$(t^2 - 2t, t+1)$이라 할 때,
$\overline{AP} = \sqrt{(t^2 - 2t + 1)^2 + (t - 4)^2}$이다.

$f(t)=\left(t^2-2t+1\right)^2+(t-4)^2=(t-1)^4+(t-4)^2$ 이라 할 때

$f'(t)=4(t-1)^3+2(t-4)$

$\qquad =4\left(t^3-3t^2+3t-1\right)+2t-8$

$\qquad =4t^3-12t^2+14t-12$

$\qquad =2(t-2)\left(2t^2-2t+3\right)$

이므로 $t=2$일 때, $\overline{\mathrm{AP}}$의 최솟값

$\sqrt{f(2)}=\sqrt{1+4}$

$\qquad =\sqrt{5}$

TIP▶ 세제곱 곱셈 공식

$\qquad (a-b)^3=a^3-3a^2b+3ab^2-b^3$

$\qquad (a+b)^3=a^3+3a^2b+3ab^2+b^3$

24 ④

점 $\mathrm{A}=\left(10t-t^2,\,0\right)$, $\mathrm{B}=\left(0,\,6t-t^2\right)$이라 할 때

$|\overline{\mathrm{AB}}|=\sqrt{\left(t^2-10t\right)^2+\left(t^2-6t\right)^2}$ 이다.

이때 $f(t)=\left(t^2-10t\right)^2+\left(t^2-6t\right)^2$이라 하면

$f'(t)=2\left(t^2-10t\right)(2t-10)+2\left(t^2-6t\right)(2t-6)$

$\qquad =2\left(4t^3-48t^2+136t\right)$

$\qquad =8t\left(t^2-12t+34\right)$이므로

$t=0$과 $t=6-\sqrt{36-34}=6-\sqrt{2}$에서 임계점을 갖는다.

$(\because\ 0\le t\le 7)$

또한 양끝값 $f(0)=0$이고,

$f(7)=(49-70)^2+(49-42)^2$

$\qquad =21^2+7^2=7^2(9+1)$

$\qquad =490$이다.

극값 $f\left(6-\sqrt{2}\right)=\left(36-12\sqrt{2}+2-60+10\sqrt{2}\right)^2$

$\qquad\qquad\qquad\quad +\left(36-12\sqrt{2}+2-36+6\sqrt{2}\right)^2$

$\qquad\qquad =\left(-22-2\sqrt{2}\right)^2+\left(2-6\sqrt{2}\right)^2$

$\qquad\qquad =484+88\sqrt{2}+8+4-24\sqrt{2}+72$

$\qquad\qquad =568+64\sqrt{2}$ 이다.

$f\left(6-\sqrt{2}\right)>f(7)$이므로 최대가 되는 $t=6-\sqrt{2}$이다.

25 ②

버스와 택시의 출발점을 원점으로 하는 좌표평면을 생각한다.

버스가 움직인 거리를 x, 택시가 움직인 거리를 y, 버스와 택시 사이의

거리를 s라고 할 때, $x^2+y^2=s^2$의 관계가 성립한다.

삼십분 뒤 $x=-3$, $y=-4$이므로 $s=5$이다.

또한 버스의 속도가 $6\ \mathrm{km/h}$이므로 $\dfrac{dx}{dt}=-6$이고,

택시의 속도가 $8\ \mathrm{km/h}$이므로 $\dfrac{dy}{dt}=-8$이다.

따라서 $x^2+y^2=s^2$의 양변을 시간 t로 미분하면

$2x\dfrac{dx}{dt}+2y\dfrac{dy}{dt}=2s\dfrac{ds}{dt}\Leftrightarrow x\dfrac{dx}{dt}+y\dfrac{dy}{dt}=s\dfrac{ds}{dt}$

이고 주어진 조건을 대입하면

$-3\times(-6)+\ -4\times(-8)=5\dfrac{ds}{dt}\Leftrightarrow 50=5\dfrac{ds}{dt}$

$\Leftrightarrow \dfrac{ds}{dt}=10$

그러므로 삼십분 뒤 택시와 버스 사이의 거리의 변화율은
$10\ \mathrm{km/h}$이다.

MEMO